幸せのある場所

Happiness Within

Jessica Michibata

小学館

はじめに

十三歳のときにモデルの仕事を始めた私も、今年（二〇一〇年）の秋、二十六歳になりました。もう人生の半分、この仕事をしてきたことになります。

正直なところ、初めはそれほど好きではなかった仕事ですが、いつからか夢中になり、ひたすら走り続けて今に至っています。

私にとって、この仕事の魅力は、みなさんにインスピレーションを与えられるということです。

「私もあんなふうな女性になりたい」

「私もジェシカのように生きたい」

そんなふうに感じてくれた女性たちが、自分自身の魅力に目覚め、それを存分に輝かせて生きられるようになれば、これほど嬉しいことはありません。

でも、最近少し気になっていることがあります。

女性たち、特に私と同じ二十代の女性たちが、ちょっとしたことで自信をなくし、立ち止まってしまっているようなのです。「自分らしさ」を楽しむことを忘れ、人と自分を比べたり、自分のマイナス面にとらわれたりして、身動きできなくなってしまっているのです。

一人ひとりに、その人にしかない魅力が必ずあるのに、それに目を向けないなんて、とてももったいないことです。もっと自分を愛してあげてほしいなと、見ていて思います。

まだまだ未熟な私がこの本を書こうと思ったのは、そういう女性たちにエールを送りたいからです。


あなたには、あなたの魅力があること。

あなたには、あなたの幸せがあること。

そして、あなたはすでに十分幸せだということ。

――こうしたことを、ぜひ伝えたかったからです。

そしてこの本を読んでいただいた方に、「そうか、私もがんばろう」と思ってもらえたらというのが、私の心からの願いなのです。

目次

第二章 私が好きなもの ～ひとりの時間、スピリチュアルな時間

第三章

引き寄せの法則 〜すべての人が持つポジティブな力

第四章 愛する人たちへ

第一章

「道端ジェシカ」ができるまで

〜「小さなジェシカ」が見ていたもの

1 ロングヘアのおとなしい女の子

妹のアンジェリカといつも一緒

子ども時代を思い浮かべると、いつも私の隣には、妹のアンジェリカがいます。兄とは八つ、姉とは五つ離れているので、一緒に遊んだ記憶はあまりありませんが、私と妹は一つ違いで、まるで双子のように仲よく育ちました。

当時、うちの家族は福井市内に住んでいました。アルゼンチン出身の父の好みに合わせた、洋風の二階建ての家でした。芝生がしきつめられた広い庭にはブランコもありました。

キャンディという大きな秋田犬と、猫をたくさん、飼っていました。母が大の猫好きなのです。しょっちゅう野良猫を連れて帰って来たし、人から譲ってもらった猫がまた子猫を産んだりしたので、一番多いときには十二匹もいました。それは私が五歳ぐらいのときでしたが、今でも一匹一匹の名前を思い出すことができます。

妹とはよく、家の庭で遊んでいました。休みの日には、朝早くから二人で庭に出て、おままごとやお店屋さんごっこをしました。そういう遊びのときは、なぜか二人とも、七五三のときに着た着物を一枚、服の上に羽織っていました。アルバムの写真を見ると、帯もきちんとしめています。そうして遊ぶ時間が、私たちの一番のお気に入りでした。

家の中でゲームなどをするよりも、田舎という環境もあってか、外遊びのほうが断然好きなアウトドア派でした。福井は雪がよく降るところで、真冬には除雪車が活躍するほどですが、私たちはそんな日も外に出て、雪合戦やそり遊びを楽しんだものでした。

左隣の家には、おばあちゃんが一人で住んでいました。とても優しい人で、私たちはよく、保育園や学校の帰りにその家に遊びに行っていました。母も、一人で出かけなければならないときは、おばあちゃんに「見ててもらえませんか」と頼み、私たちをあずけていました。

おばあちゃんの家は昔ながらの日本家屋でした。庭のつくりも純和風で、洋風の家に住む私の目には、とても興味深く映りました。

右隣に住む家族は、ちょっとした畑を持っていて、そこで育てられた大根や玉ねぎを、よくいただいていました。二十年ほど前の田舎ですから、気兼ねのない近所づき合いが、ごくふつうに行われていたのです。

私と妹は、ふだんは近所の保育園に通っていました。

そのころの思い出には、まだとても鮮やかなものもあります。初恋の思い出もその中のひとつ。

初恋の人は、その保育園にいた男の子です。もう名前も思い出せませんが、やんちゃで、活発で、目立つタイプの子でした。

いつもその子のことが気になって、とにかくそばにいたかったのをおぼえています。でも、まだ幼かった私には、好きという気持ちがよくわかりませんでした。

気になって気になって仕方がない。でもその理由がわからない。

わからないから、ちょっとからかってみちゃおう——なぜかそういう展開になってしまい、幼い私にできる唯一の愛情表現は、その子に「ちょっかいを出す」ことでした。幼い男の子がよく、好きな女の子のスカートめくりをするような心理だったのでしょう。

卒園式の日、その男の子は、髪をいきなり丸坊主にしてきました。あっけにとられる私に、彼が「こうすればジェシカちゃんに髪を引っ張られないから」と言ったときは、とてもショックでした。

うちとは家が遠かったのでしょう、小学校は別々でした。卒園以来、一度も会っていません。

本当はお友だちになりたい、一緒に遊びたい。だけど幼さゆえに上手に伝えられなかった、ちょっぴり切ない思い出です。

幼い私のこだわり

モデルの仕事を始めたのは十三歳のときですが、幼い頃にも二回くらい、地元にあった子ども服店の広告のモデルを、妹と二人でしたことがありました。たまたま母が、その店に頼まれたようです。

その頃の私と妹は、つねに双子ルックでした。色違いではない、同じ色の同じ服を着せられていたのです。

幼い子どもの一年の差は大きいので、身長差はけっこうありました。それでも母がいつも同じ服を着せていたので、街を歩いていると、「あら、かわいい。双子さん?」と、見知らぬ人によく聞かれました。

母の答えはいつも「そうなんです」。私は内心「えっ、そうだっけ?」と驚いていたものです。母は、私たちを着せ替え人形みたいにするのが好きだったのだと思います。

服装は双子ルックでも、髪形はまったく違っていました。

私はストレートで、前髪はおかっぱ。アルバムを見るとまるで日本人形のようです。妹のほうは、前髪も作れないくらいくりくりにカールした巻き毛で、ヨーロッパのお人形みたいです。

髪形も母が決めていたようですが、二人のキャラクターの違いがよく表れているのはさすがです。

子ども服店のモデルの仕事への反応も、私と妹は対照的でした。

私は、「いいよ」といったん納得しながらも、撮影のスタジオに着くと気が変わり、「やっぱりいや」とぐずったりしていました。「この服は着たくない、こっちがいい」と、まわりを困らせることもありました。

妹のほうは「なんでも楽しい！」という感じで、喜んでやっていました。大人から見れば、いかにも子どもらしく、かわいい子だったと思います。

当時の私は、大人が決めた何かを着せられたり、写真を撮られたりすることが、好きではなかったようです。

七五三のときの写真も、紅をちょこんと塗られた唇をとがらせ、カメラをにらみつけるような怒り顔で写っています。子どもながらにこだわりがすごく強く、七五三の格好もいやでいやでしかたがなかったのです。

わが家には「女の子はロングヘアでないとだめ」という、暗黙のルールがありました。父の好みでした。

小学校時代は、そのロングヘアに、私はいつもオレンジ色のヘアバンドをしていました。左右に二つ、三つ編みをするのも好きで、それは当時の私なりのおしゃれでした。

ずっとロングにさせられていた反動が来たのは、中学生のとき。モデルの仕事を始めてまもない頃です。

「ショートにしたい」と言い出した私に、母は猛反対しましたが、私も「絶対に似合うから」と譲りませんでした。当時の事務所のマネージャーさんにも、「もののけ姫みたいになりたい」と言って説得しました。ちょうどその頃『もののけ姫』が流行っていたのです。

でも、いくら言っても、マネージャーさんは「うーん」と渋るばかり。そして、やっとの思いでマネージャーさんを説得し、ヘアメイクさんに髪を切ってもらいました。

それが全然似合わなかったのです。一週間で後悔しました。

以来、私はずっとロングヘアで過ごしています。

幼いときの私は、どちらかというとおとなしいタイプでしたが、内面は複雑で、こだわりが強く、繊細で神経質なところもありました。

家族の中でも静かなほうだったと思います。

モデルの仕事を始めてまもなく、ある雑誌に「おしゃべりが大好きなジェシカちゃん」と紹介されたとき、母が「仕事場ではジェシカはおしゃべりなの？」と意外そうに言ったのをおぼえています。

「ふつう」になりたかった

私が通っていた小学校は、家の斜め前にありました。学校の正門まで歩いて十五秒ほどの距離でした。

それほど近いにもかかわらず、決まりに従って集団登校をしなければなりませんでした。隣の家に行ってインターホンを押し、その家の子と一緒にまた隣の家に行って呼び鈴を押す。これを何軒もくり返し、みんなそろってから、ようやく家の目の前にある小学校の門をくぐれるのでした。

もっとちゃんと歩いて学校に行きたいなあと、私はいつも思っていました。

小学校時代の私が、つねに願っていたこと。

それは「ふつうになりたい」ということでした。

二十年前の福井では、ハーフはとても珍しい存在で、何も特別なことはしなくても目立っていたからです。外国人やハーフたちがごくふつうに住んでいる、今の東京とはまったく違う環境でした。

注目されるのが好きな性格だったらまた違ったのかもしれませんが、私はできれば目立たずにいたい、おとなしい子どもでした。

同じ人間なのに、顔かたちが、まわりの子たちとはあまりにも違うのは子どもの目にも明らかで、私はつねに「日本人みたいな顔になりたい」と願っていました。

今は少し違うのかもしれませんが、当時の日本の、特に地方では、「右にならえ」「出る杭は打たれる」の風潮が強かったように思います。

私自身、ハーフであっても日本で生まれ育ち、そういう日本人の気質を持っているので、みんなの中で浮いてしまう自分の外見がいやでした。なるべく目立たないよう、みんなと同じでいるよう、いつも気を使っていました。

目立つのが苦手なところは、基本的には今でも変わっていません。でも今は日本人になりたいとも、外国人になりたいとも、まったく思いません。大人になるにつれ、ハーフであることは、私の大事な個性の一つだと思うようになったからです。

ハーフであることで一番いやな思いをしたのは、小学校時代です。保育園の頃は幼すぎて、みんなよくわからなかったと思うし、中学生になると、みんな精神的に成長したからか、あからさまないやがらせはなくなりました。

小学校時代は「アメリカ人、アメリカ人」と、よくからかわれたものです。子どもにとっては、外国イコール、アメリカだったのでしょう。そのたびに「アメリカ人じゃないもん！」と言い返していました。

私の家では両親がスペイン語と日本語のミックスで会話をしていました。子どもたちもその影響を受け、単語によってはスペイン語しか知らないものや、日本語でも発音がちょっとおかしいものがありました。

学校の子どもたちにはそれも面白かったらしく、格好のからかいのネタにされました。私だけでなく、きょうだいそれぞれが、学校でいやな思いをしていたようです。

そのことがきっかけで、わが家では、家での会話も全部日本語になりました。子どもたちの日本語が完璧になるようにと、両親も考えたのでしょう。以来、それまでちょっとは話せたスペイン語を、私はすっかり忘れてしまいました。


何度となくいやな思いはしたものの、私には、つらかったとか、トラウマになったとかいう感じは残っていません。

モデルになってからはハーフの友だちがたくさんでき、彼女たちからもっと深刻な話をたくさん聞きました。ハーフだというだけでひどいいじめに遭い、石を投げられたという子もいます。私にはそこまでの経験はないので、まだ幸いだったのかもしれません。

それに、小学生や中学生という年頃の、特に女の子の世界では、グループ内で順番に誰かが仲間外れにされるなど、けっこういろいろなことがあるものです。別にハーフでなくても、この年頃につらい思いをする子はたくさんいるはずです。何も私だけが特別ということもないでしょう。トラウマにならずにすんだのは、私自身がいじめを深刻に受けとめなかったことと、いじめをはね返せるだけの強さを持っていたからだと思います。

そしてもうひとつ、優しい両親やきょうだいの存在も大きかったのです。

2 家族は特別な存在

道端家の四人きょうだい

家族というのは、やはり特別な存在だと感じます。

何かで大げんかになったり、いやだなと思うことがあっても、血のつながりがある以上、やはり切っても切れない縁で、そこはほかの人間関係と決定的に違うところです。

特に私はきょうだいが多いこともあってか、「家族に助けられているな」という思いは、つねにひしひしと感じています。

私と姉のカレン、妹のアンジェリカは、モデルの世界でよく「道端三姉妹」と呼ばれていますが、一番上に兄がいることは、あまり知られていないようです。

兄はイタリアの女性と結婚し、今はイタリアに住んでいます。私より八つ年上で、子どもの頃から顔がそっくりだとみんなに言われてきました。カレンとアンジェリカがよく似ていて、私は兄と、うり二つだと。カレンとアンジェリカは、私から見れば全然似ていないのですが、家族以外の人にはそっくりに見えることが多いようです。

私と兄は、大人になればなるほど、ますます似てきたように思います。髪の色だけが違い、兄のほうはもっとダークです。

兄が日本に帰ってくるのは、今は二年に一度くらい。そんな機会に友だちに紹介すると、みんな「ジェシカの男版だね」と目を丸くします。

兄は獅子座生まれですが、とても控えめで優しい人です。どっしりと構えているところは獅子座っぽいけれど、パワフルな三姉妹につねに圧倒されて育ったからか、どちらかというとフェミニンで、物腰の柔らかい人です。

三姉妹は、それぞれ性格が違います。ベースは似ているのかもしれませんが、三人ともかなり個性的だし、好みも違います。

姉のカレンは、私より五つ年上です。子どもの頃からずば抜けて背が高く、モデルになりたいというはっきりとした夢を持っていました。

長女のためか、子どもの頃から強い母性本能を持ち、妹の私たちを守ってくれるような存在でした。星座も、家庭的な蟹座。若いうちに子ども二人を産んだのは、いかにも彼女らしいことだったと思います。

幼い頃の私には、姉がすごく大人に見えました。年も背丈も違いすぎて、一緒に遊ぶことはほとんどありませんでした。

よく妹がお姉さんに対して持つような、「早くお姉ちゃんみたいになりたい」といった憧れも、特にありませんでした。なにしろ、私が小学校に入った年に、姉はもう六年生で、翌年は中学生。世界が違いすぎたのです。


「お姉ちゃんへの憧れ」のようなものは、もしかすると妹のアンジェリカが、私に対して持っていたかもしれません。

年子の私たちは、いつも一緒。よく遊んだし、姉とは全然しなかったけんかも、妹とはしょっちゅうしていました。

妹は、いかにも末っ子らしい性格。射手座ならではの、とてもポジティブなエネルギーに満ちています。それでいて、三姉妹の中では一番エモーショナル。相手の気持ちを敏感に察し、共感することのできる人です。わが家はみんなそういうタイプですが、妹は特にそうだと思います。

一つしか違わないので、私がお姉さんらしく妹の面倒を見たという記憶はありません。物心がついたときには、双子のように、いつもそばにいたアンジェリカ。それでも「妹なんだなあ」という実感は、成長するにつれ、少しずつ湧くようになってきました。特に中学時代、モデルの仕事のために二人で福井から東京に通っていたときは、「妹はこの私が守らなきゃ」と気負っていました。

大人になるまで秘密にしていたこと

姉との絆は、大人になってから深まりました。今では三人姉妹、大の仲よしです。もうみんな大人ですから、年齢差はほとんど気になりません。

それぞれに忙しいので、ふだんは私と姉、私と妹というふうに、二人ずつ会うことが多いです。たまに三人で集まるとおしゃべりが尽きず、それはもうにぎやかです。性格が三人三様なのも面白く、姉妹がいて本当によかったなと思います。

そんな女同士のきょうだいの楽しさを知っているので、私も将来、女の子が二、三人、ほしいなと思っています。

私には、小さな頃からずっと、きょうだい達に内緒にしていたことがありました。

母が私につねづね言っていたことです。

「ジェシちゃん、おかあさんはね、あなたたちみんなのことを大好きだけど、あなたが一番のお気に入りよ。このことは誰にも言っちゃだめだからね」。母はそう言っていたのです。

「うん、うん」と素直にうなずいていた私。

でも、「みんなに悪いな」といつも思っていました。嬉しい言葉ではあったけれど、心のどこかで気がとがめていたのです。

大人になり、もうそろそろ時効かなと思った私は、あるときさょうだい達にそのことを打ち明けました。すると驚いたことに、みんながみんな、同じことを言われていたのがわかったのです。

大人になるまで、全員が胸に秘めていたなんて。

「ママ、やるよね」と、みんなで大爆笑になりました。

ラブリーでイージーゴーイングな母

私の両親は、ヒッピー気質の、ちょっと面白い人たちです。

母はとても優しい人です。母のことを英語で表現するなら、「ラブリー」という言葉がぴったり。なんというか、すごくかわいらしい人なのです。

父は、子どもたちにはとても厳しい親でしたが、母はどちらかというと「まあ、いいじゃないの」といった感じの、イージーゴーイングなタイプでした。

たとえば、子どもたちの誰かが学校で問題を起こして、母が先生に呼び出されたようなときも、「この子は学校で十分怒られたのだから、家でさらにまた叱ることはない」と考えていたようです。だから、「まあ、確かにいいことではなかったけれど、今度から気をつけなさいね」という感じで、ただ優しく諭すだけでした。

いつでも子どもたちの味方。それが母のスタンスでした。

特に私は、母に怒られた記憶をほとんど持ちません。きょうだいたちに比べて、親に怒られるようなことをしない子どもだったし、不思議と反抗期らしいものもなかったせいだと思います。

母は基本的にはポジティブな人ですが、落ち込んでいるのがけっこう好きという、私には理解しにくい面もあります。何かいやな出来事があると、「私、もう、だめかも……」なんて、悲劇のヒロインになりきってしまうのです。

そのたびに私は、「大丈夫だよ、絶対に大丈夫」と明るく励ましながらも、心の中ではすごく心配します。ところが二、三日もたつと、当の母は、「えっ、何のことだっけ?」とケロッとしているのです。

気がころころ変わりやすく、風のようにとらわれない性格は、風の星座、双子座生まれだからでもあるのでしょう。

三姉妹の中では、もしかすると私が一番、母と気が合うかもしれません。私も風の星座、天秤座生まれ。そのため相性がいいのか、一緒にいてとても気が楽です。

大人になると、きょうだいたちは家族のもとを離れて一人暮らしを始めましたが、私だけは一度もそれを望んだことはありません。ずっと母と暮らしていて、一人暮らしの経験はいまだにないのです。

母の子育ての三つのこだわり

優しくて物事にとらわれない母ですが、子育てにはいくつかの頑固なこだわりを持っていました。

一つが、正座を絶対にさせないこと。

足のかたちが悪くなるからという理由でした。

だから家でさせられることは一切なかったし、「外でも絶対に正座なんかしちゃだめよ、どんな人に言われてもしちゃだめ」と言われていました。

ある日、小学校の授業で、全員が正座をしなければならない場面がありました。私は不慣れだったために痛くて我慢できず、一分ともちませんでした。思わず足を崩すと、先生にすごく叱られました。

家でそのことを話すと、母は珍しく激怒し、小学校まで行って「うちの子どもに正座なんかさせないでください！」と先生に抗議してきたのです。これには私も驚きました。

もう一つのこだわりは、スキーをさせないこと。

福井は雪国ですから、冬はスキーをするのが、どの家でも定番のすごし方でした。冬休み明けの教室では、「家族と○○へスキーに行った」「うちは○○へ行った」といった会話が飛び交ったものです。

ところがうちの両親は、「スキーなんかしたら骨折する。危ないからだめ」と言って、決してさせてくれませんでした。

反対されればされるほど、したくてたまらなくなるのが子どもです。私と妹は両親に頼み込み、何年生のときだったかに、やっと行くことができました。二回ほど行ったと思います。

その後もなかなかスキーをする機会はなく、大人になってからも、スキー場へ行ったのは、スノーボードに一度チャレンジしたときぐらいです。

母の三つめのこだわりが、子どもたちにお菓子を食べさせないこと。

友だちの家に遊びに行くと、どこのおかあさんも必ずお菓子を出してくれるのに、私の家では年に一度の誕生日のとき以外、ほとんど食べさせてもらえませんでした。たまにチョコレートをもらえたらラッキーという程度。ジュースも、フルーツジュース以外はだめでした。

当時はそれがすごく不満でしたが、今は心から感謝しています。母のおかげで、体によくなさそうなお菓子やジュース、ジャンクフードは、大人になった今もまったくほしいと思わないからです。

子どもの頃によく食べていたものは、一生その人の味覚に影響するそうです。そのことを大人になって知ったとき、母がしていたことの意味がよく理解できました。

田舎のおばあちゃんとの夏休み

味覚に関して、そんなふうに厳しくしつけられていた私たちでしたが、年に一度、例外的な楽しみを味わえるときがありました。毎年の夏休みです。

私と妹は、夏休みが来るたびに、福井県の鷹巣という海岸の地域にある祖母の家に、二週間ほどあずけられていました。母の故郷、鷹巣には、祖母のほかにもたくさんの親戚が住んでいました。

海あり山ありの鷹巣は、子どもの私たちにはとても楽しいところでした。海でよく泳いだし、タコつぼを仕掛けたりもしました。次の日にのぞくと、タコがまんまと捕まっているのが面白くてたまりませんでした。

カニを捕まえてバケツに入れて持ち帰ったときは、祖母にすごく怒られたのをおぼえています。そのカニは、私たちが何もわからずにバケツに水道水を入れたため、かわいそうに、翌朝死んでしまいました。

大らかな自然の中、福井の自宅では味わえないちょっとした冒険気分で毎日をすごしていた私たち。今は亡き祖母にとっても、夏ごとに私たちが来るのは大きな楽しみだったようです。

あるとき祖母は、「何が食べたい？」と聞いてくれました。

私たちはチャンスとばかりに、家では絶対に食べさせてもらえない「ポテトチップス」と答えました。

祖母はだめとは言いません。孫の希望どおりに、ポテトチップスのコンソメ味を買ってきてくれました。

ふだん食べられないだけに、私たちは大喜び。その笑顔に祖母はよほど気をよくしたのでしょう、次の日も次の日も、もうそればかり買ってくるようになりました。

お店は急な坂道を登った先にあり、真夏の暑い中、祖母の足で通うのは、とても大変だったろうと思います。にもかかわらず、同じものを、いつもその日の分だけ買って来るのでした。

「生ものでもないのだし、毎日買うならまとめて買えばいいのに」と私はひそかに思っていましたが、祖母にしてみれば、毎日「孫のために」買いに行くこと自体が、きっと楽しかったのでしょう。

幼さゆえにそんな祖母の思いも知らず、「今日もまたポテトチップス買ってくるのかな」、「買ってきてくれたら、やっぱり食べないとまずいよね」などと、私と妹でささやき合っていました。いくら珍しいものでも、三日食べれば飽きます。でも、そうとも言えずに結局私たちは、その夏の二週間ポテトチップスのコンソメ味を食べ続けることになりました。

同じように、カップラーメンを食べ続けた夏もありました。

つい先日、妹とその話題になり、「楽しかったよね」と大笑いしました。

とにかく私たち三姉妹が集まると、昔のそんな話から、現在の関心事まで、いつもありとあらゆる話題で盛り上がり、にぎやかなことこの上ありません。ときには三人が同時に自分の話したいことをばあーっとしゃべり、誰も人の話を聞いていないこともあります。声が重なっているのも気にしません。

そしてひととおり自分の話を終えて満足してから、「で、アンジェリカの話はなんだったたっけ？」「ジェシカは何が言いたかったの？」と改めて聞き合うといった具合です。でもそのひときがとても楽しいのです。

家族の誰かの誕生日には、母も含めてみんなで集まります。当日に全員が集まれないときも、少し日にちをずらして、必ずみんなでお祝いをします。幹事役は、決まって姉のカレン。彼女はそういう段取りがとても得意なのです。誕生日の人が何を食べたいかを聞き、よさそうなお店を見つけて予約し、みんなでバースデイディナーを楽しみます。

クリスマスは、最近は私も海外で過ごすことが増えましたが、基本的には家族で過ごすのが好きです。日本にいる年は、家族みんなで過ごしています。

3 学校時代の思い出

主演を務めたミュージカル

小学校時代で一番楽しかったのは、合唱団に入っていた思い出です。仲よしの友だちに「楽しいよ」と誘われて、小学校低学年のときに入り、中学生になるまでずっと続けていました。

はじめの動機は「友だちと同じことをして話題についていかなくちゃ」という気持ちでした。歌は前から好きだったけれど、合唱団がどんなところかは、よくわかりませんでした。ところが体験レッスンを受けてみたら、ものすごく楽しかったのです。迷わず入団を決め、すぐあとに妹も入りました。

入団すると、まず、声がどこまで高く出るかのテストを受けます。私はけっこう声が高いので、即ソプラノに決まりました。妹は大勢の前で歌うことに緊張してしまったのか、高い声が出ず、アルトになりました。

妹はとても悔しがっていました。なぜなら、その合唱団では、みんながソプラノになりたいからです。理由は、年末ごとに開かれる発表会にあります。

発表会は、その年にがんばった成果を披露するもので、市内の大きなホールで開かれます。子どもたちみんなでミュージカルをするのが恒例です。その主役は、ソプラノの子と決まっているのです。

私が入団した最初の年の演目は『くるみ割り人形』。入って日が浅かった私は、確かガラクタ人形の一つでした。

次の年は『ピーターパン』。私はティンカーベルの役でした。

その次の年は『白雪姫』で、私は主役の白雪姫を演じました。歌いながら踊り、リンゴを食べてバタッと倒れたりして、ものすごく楽しかったです。

最近の私は、演技にとても興味があるのですが、考えてみればこの頃から、「演じる」ということが好きだったのかもしれません。

合唱団の活動に夢中になった理由は、もちろん、歌うことと演技することが好きだから。でもそれだけではありませんでした。

がんばったらがんばっただけ、いい役が与えられる。そのことに大きなやりがいを感じていたのです。

私は子どもの頃から努力を惜しまないタイプ。

がんばって向上していくことが楽しくてたまらないのです。

歌手になりたい

その頃の私の夢は、歌手になることでした。

まだ小学生でしたから、誰か特別に好きな歌手がいたわけではありません。華やかな衣装やステージに憧れていたわけでもありません。まだ幼い、漠然とした夢でした。合唱団の活動に夢中になっていた私は、ただ単純に歌うことが好きだったのです。

思えば子どもの頃は、三姉妹の中で、私だけが将来に対して具体的なイメージを持っていませんでした。

姉は、その頃からモデルになりたいと言っていました。

妹は、タレントになりたい、テレビに出る人になりたいと言っていました。

姉は実際にモデルになったし、妹は今よくテレビに出ているので、二人とも夢のとおりの道を歩んでいるといえそうです。

ところが私は将来のプランを考えるのが大の苦手。大人になった今も、明日何をしているのか、自分自身でもわからないという性格です。モデルになりたいという気持ちも、一度も持ったことはありませんでした。

ただ歌が好きだから、歌う人になりたい。そんな淡いイメージを持っていただけでした。


歌うことは今でも大好きです。カラオケにも友だちとけっこう行きます。よく歌う曲は、小沢健二さんとスチャダラパーさんの『今夜はブギーバック』。実はオリジナルを聴いたことがないので、メロディを間違っているかもしれません。友だちが歌うのを聴いて好きになり、今ではなぜか私の十八番です。

小学校の高学年になると好きな歌手もでき、中学に入る頃には自分でCDを買うようになりました。初めて買ったCDは、ｇｌｏｂｅの、タイトルは忘れましたがジャケットが長細いシングルCDでした。ｇｌｏｂｅは大好きで、その後アルバムも買った記憶があります。

ｇｌｏｂｅの歌は今でもカラオケで歌います。もう何年も聴いていないのにちゃんと歌えるのは、それだけ当時、聴き込んでいたからでしょう。

ほかに好きでＣＤをよく買っていたのはＳＰＥＥＤ。ヒロちゃんが私と同い年なので、親近感がありました。安室奈美恵ちゃんも好きでした。基本的に小室哲哉さんの曲が好きだったのです。中学一年生で仕事の世界に入った私は、仕事場やロケバスの中でも、よくＭＤウォークマンでお気に入りの歌を聴いていました。今ではあまり見かけなくなったＭＤウォークマン。懐かしい思い出です。

初めてのボーイフレンド

ほかに小学校時代で思い出すのは、友だちとタイムカプセルを作って地面に埋めたりしたことです。

女の子同士で集まって、一人ずつ、自分の好きな男の子の名前を打ち明け合ったこともありました。みんなでそうすることを、確か「告白」と呼んでいたと思います。

子どもですから、告白してどうするわけでもありません。当の本人の耳に届かない「告白」を、ただ女の子同士でするだけ。それでも私たちは、なぜかドキドキしながら楽しんでいました。

みんなで好きな男の子にラブレターを書いたこともありました。その手紙も相手に渡すわけではなく、なぜか地面に埋めていました。何かのおまじないだったのかは、今でもよくわかりません。子どもの頃は、自分の部屋においておくと親に見られそうな気がして、そうしていたのかもしれません。

小学六年生のとき、初めてのボーイフレンドができました。彼氏といっても、手もつながないようなかわいい関係です。夏祭りに一緒に行ったのはおぼえていますが、それも二人きりではなく、友だちもいました。

まだ恋愛がどういうものかわからなかった頃のこと。もちろんひと夏の恋で終わりです。なんとなくの自然消滅でした。

楽しかった放送部

小学校が家の目の前にあったので、「もっとちゃんと歩いて登校したいなあ」と思い続けていた私。やっとそれができたのは、中学校に入ってからでした。すごく嬉しかったのをおぼえています。

中学校へは、歩いて四十分ぐらいほどでした。徒歩四十五分以上かかる生徒には、自転車に乗ること、親に送り迎えしてもらうことが許されていました。私はぎりぎりで許可がもらえませんでしたが、歩くのが好きだったので、まったく苦になりませんでした。

途中にコンビニがあるのも、下校時の楽しみでした。当時の福井にはまだコンビニが少なく、家から最寄りのローソンに行くにも歩いて三十分かかったため、小学校時代はめったに行けませんでした。中学に入ってからは、下校時のコンビニへの立ち寄りが日課のようになりました。学校では禁止されていたことなので、隠れて立ち寄るスリルも味わいました。

中学時代の部活には多くの思い出があります。

入学当初はバスケ部に入りました。一学期が終わるまでやっていましたが、新人はボールにさわらせてももらえない現実にぶつかり、夏休み前にやめてしまいました。校庭の外周を走り続けるだけの毎日にあきてしまったのです。

ただ、このトレーニングのおかげで、自分は長距離走がかなり得意なのだと気づけたのはよかったです。今、トライアスロンにチャレンジしているのも、このときに得た自信が一つのきっかけになっていると思います。

二学期からは、放送部に入りました。スポーツ系から、いきなり文化系への転身です。

放送部の活動はすごく楽しかったです。仕事は「お昼の放送」を流すことと、運動会のビデオを撮って編集すること。運動会のビデオのほうは主に先輩たちの仕事でしたが、私たち一年生にも、「お昼の放送」の当番は順番にまわってきました。自分が火曜日の当番なら、毎週火曜日に自分の給食を放送室に運び込み、当番のメンバーと一緒に放送を流すのです。

「次の曲は、○年○組○○さんからのリクエスト、○○の○○です」なんて言いながら曲をかけたり、「お昼休みは終わりです」とアナウンスしたり。

DJ気分が味わえてとても楽しかったし、目立つのが苦手な私には、そういう表に出ない仕事がとても合っていたようです。

心ない先生の言葉

モデルの仕事は中学一年生のときに始め、当初は仕事のたびに福井から東京の仕事場に通っていましたが、私が二年生のときに、家族みんなで東京に引っ越すことになりました。

中学校も転校しました。学校の勉強と仕事の両立が大変なことには変わりありませんでしたが、仕事場にはとても通いやすくなりました。

福井に比べれば、東京には外国人もハーフの人も大勢います。特にモデルの友だちにはけっこう多く、その意味でも気が楽になったのをおぼえています。

ただ、学校の中では、ハーフはやはり珍しい存在だったので、「日本人みたいになりたい。みんなと違いすぎる外見がいや」という子どもの頃からの思いは、相変わらず強く私の中にありました。

目があって、その下に鼻があって、口があるのはみんなと同じなのに、何でこんなにみんなと顔が違うのか。私にはどうしても納得できなかったのです。父親が外国人だからという理屈は、もちろんわかっています。でも、それで顔の印象がこんなにも違ってくるのはなぜなのかと、子どもながらに、やり場のない思いを抱えていました。

ある日私は、そんな疑問を、そのまま中学校の先生にぶつけてみました。もう大人の社会で仕事をしていたとはいえ、学校の先生なら何でもわかるだろうという発想は、今思えばまだ幼さが残っていた証だと思います。

「私の顔は、なんでみんなとこんなにも違うんですか？」

切実な思いで聞いたのに、その女性の先生の答えは冷たく素っ気ないものでした。

「それはあなた、外国の血が入っているからでしょう」。それでおしまい。

驚いたのはその後です。先生は、私につき添ってくれていた友だちに向き直り、こんなことを言ったのです。

「○○さん、大丈夫よ。安心しなさい。あのね、外人ってすぐ老けるから。ジェシカがかわいいのは今だけだから」

私も目の前で聞いているのに、何てことを言うんだろうと、あっけにとられてしまいました。まず「外人」という言い方がいやでした。外人というのは「外の人」ということ。外国人に対してとても失礼な言葉で、私は絶対に使いません。

今思うと、このときの先生の言葉は、若い女の子に対するちょっとしたジェラシーの表れだったのかもしれません。でも中学生の私には、そんなことはもちろんわかりませんでした。

ただ残ったのは、何ともいえない悔しさ。

そしてそれ以上に、「何なんだろう、あの先生は」と、あきれるような思いが残りました。

男の子の友だちもたくさん

やがて私は高校生になりました。その頃には、仕事をしながら学校に通う生活が、すっかり板についていました。

高校時代は、女の子と男の子の友だちが同じくらいいました。閉鎖的になりがちな女の子のグループに比べ、男の子たちのほうが私にはずっとつき合いやすく、気兼ねなく話せたのです。

仕事が忙しかったので、彼らと特に何をして遊んだということはありません。ただ、マンガやCDを貸し合うようなときには、私も必ずメンバーに入れてくれていました。

そんな友だちの中に、印象に残っている男の子がいます。

卒業式の後にいきなりその子は、「ねえ、ひとつだけ聞いてもいい？」と、思い切ったような様子で話しかけてきたのです。

「えっ、何？」と聞くと、「ジェシカの髪の毛って、見た目どおり柔らかいの？」と彼。「さわっていい？」ときくので、「いいよ」というと、彼はそっと私の髪にふれました。

そして「ああ、本当だ。すごく柔らかい。いや、ずうっと気になっていたんだよね、ありがとう」とだけ言い、立ち去っていきました。

今ふり返ると、何だかかわいいな、と思えるエピソードです。

高校時代は、卓球同好会に入っていました。女子部員は私一人で、まわりはやはり男子ばかりでした。

「さぞモテたでしょう」と、よく聞かれますが、全然そんなことはありません。学校でモテた記憶はないのです。私が通った高校の文化祭では、学校一の美女を選ぶコンテストが毎年行われていましたが、私は一度も選ばれませんでした。

高校での女の子の友だちは、どちらかというとおとなしめのタイプが中心でした。マンガの話題などをよくしていたのをおぼえています。

華やかで目立つ女の子たちのグループとはほとんど縁がなく、その仲間に入りたいという気持ちもありませんでした。

中学や高校には、よく、学校の中でどれだけ目立てるか、周囲に対してどれだけパワーを持てるかを重要視している子たちがいます。ふつう、学生のうちは学校しか自分を発揮する世界がないからだと思います。

でも私にはすでに仕事という世界があり、意識はそこにフォーカスしていたので、あまりそういう関心はありませんでした。

むしろ中学でも高校でも、相変わらず目立たないように努めていました。モデルをしているハーフの子、というだけで、どうしても注目されがちだったからです。

勉強が大好きだった

早くから仕事の世界に入った私ですが、勉強も大好きでした。どの科目も好きで、特に、生物や歴史など、記憶力を試される科目が得意でした。記憶力にはけっこう自信があります。

小学校時代から理科は好きでしたが、高校の理科では数学の要素が混じる物理や化学を学びます。私は数学が苦手だったので、それらはあまり得意ではありませんでした。ただ、生物は、全科目の中でも一番といっていいくらい、大好きでした。内容が私の興味ととても合っていて、面白かったのです。

私の通っていた高校では、三年生になると、それぞれが自分の進路に合わせて受ける授業を選ぶようになります。理系で大学受験をする人は理数系の授業を中心に選択し、文系で受験する人は、文科系の授業を主に受けるといったように。

私にも、正直なところ、大学に進みたいという思いがありました。けれど、その頃には仕事がかなり忙しくなっていて、一時は大学に進むのか、仕事に専念するのかでとても悩みました。ずっと続けてきた仕事を辞めるつもりはないけれど、大学に進むのなら、受験勉強のために、しばらくは一切の仕事をやめなければいけませんでした。

どうしようかと考え抜いた末に行き着いた結論は、「一年間、仕事だけをやってみよう」というものでした。

勉強と仕事の間を行ったり来たりし、どちらにも専念したことがなかった私。だったら一年、まずは仕事に専念してみて、「ああ、私はこの仕事がそんなに好きじゃないんだな。勉強のほうがずっと好きだな」と思ったら、そのときに改めて勉強を始め、大学を受ければいい。そう考えたのです。

とりあえず高校在学中は受験をしないのだから、選択授業は自分が好きなものだけを受けることに決めました。その結果、私の時間表は、生物と、音楽と、美術ばかりになりました。「こんな時間表は見たことない」と、担任の先生は半ばあきれていました。

一限目から四限目までずっと生物という曜日もありました。朝からお昼まで同じ教室にいると、同じ先生が同じ内容を話しては、出て行ったり、また入ってきたりしました。そのうちに先生のほうも「あれ、この子、まだいる」という顔で私を見たりして、何だか面白かったです。

独学でマスターした英語

英語も私は大好きです。

ただ、高校に入る頃から、学校の英語の授業は一切聞かないと決めていました。高校三年生のときの選択授業に英語を入れていなかったのも、そういう理由からです。

私は今、英語でほとんど不自由なく話せるし、書けるし、聞けるのですが、それはほぼ独学でマスターしました。

ハーフなのでよく誤解されますが、私も日本生まれの日本育ちで、初めて英語を学んだのはほとんどの日本人と同様、中学一年生のときでした。中学時代はふつうに授業を聞いていました。

独学を始めたのは、中学の終わりぐらいからです。

家の近所にアメリカンスクールがあった関係で、私には外国人の友人がたくさんいて、よく一緒に遊んでいました。モデル仲間にも、外国人やハーフの子がたくさんいました。その子たちともっと話したい、そのために英語を話せるようになりたいと思ったのがきっかけです。

独学で学ばなくてはと思ったのは、英語を日常的に話している友だちから聞く英語と、学校で学ぶ英語が、全然違うと気づいたからです。これではいつまでたっても話せるようになれない、そんな危機感をおぼえました。書いたり読んだりはできるようになるかもしれません。でも私は「話せる」ようになりたかったのです。

だから、授業は聞かない、それが自分の英語の勉強法だと心に決めて、家で洋画のＤＶＤを使って勉強しました。ネイティブの友だちに、英語だけで会話してもらったりもしました。努力のかいあって、高校二年か三年には、少しずつ話せるようになっていました。

学校の英語のテストも、だいたい九十五点以上で、百点をとったこともありました。でも通知表は、よくても四。一度も五をもらえませんでした。

腑に落ちなかったので、先生に聞きに行きました。「百点をとっても、私は五をもらえなかった。五はいったい誰がもらっているんですか」と。

すると先生の答えはこうでした。「あなたは授業を聞いてないから」。

何も言い返せませんでした。先生の言うとおり、私は授業中ウォークマンで音楽を聴いたり、寝ていたりしたのですから。

でも、今の私が英語を話せるのは、独学でがんばったからこそだというのは、変わらない確信なのです。

〜4〜 十三歳でモデルの世界へ

気が進まなかったデビュー

「子どもの頃からモデルになりたかったんですか？」

よく受ける質問です。

でも私は、一度もなりたいと思ったことはなかったし、ファッション雑誌に興味を持ったこともありませんでした。

姉の「モデルになりたい」という夢を聞いても、私は「ふうん、そうなんだ」というくらいの気持ちでした。

その姉が単身で上京し、夢を叶えた九〇年代は、おりしもスーパーモデルの全盛期。私も姉から、モデルの世界の話を聞いたりしていましたが、特に憧れたりはしませんでした。まだ私があまりに子どもだったせいでもあるでしょう。

そんな私がモデルになったのは、自分の意志ではなく、姉の所属していた事務所に、気がついたら入れられていたという感じでした。

ですから初めのうちは、正直なところ「好きでもないことをやらされている」という感じがすごく強かったです。この仕事が得意だとも、自分に合っているとも思いませんでした。

もちろん、今までこうして十三年間も続けてきたように、だんだんこの仕事が好きになってきましたし、ずっとチャンスに恵まれてきたことに心から感謝していますが、そういう前向きな心境になるまでには、けっこうな時間がかかりました。

全然楽しくなかったわけではありません。姉の仕事ぶりを前から見ていたので、モデルの世界にとけ込むのも、わりとスムーズでした。それでも、自分の意志で子役やモデルをやってきたまわりの子たちとは、モチベーションがまったく違ったのです。

私はもともと、人と違うことをやりたいタイプではありません。仕事をするよりも、私はただ、みんなと同じように学校に行き、勉強や部活をするというふつうの生活をしていたかった。その思いは、子どもとしてはごく素直なものだったと思います。

私よりもやや遅れて、妹のアンジェリカもモデルデビューしました。彼女も実は、最初はあまり興味がなくて、その後、完全にやめてしまっていた時期もありました。おそらく私以上に、この仕事に興味がなかったのだと思います。

妹が今のようにモデルやタレントの仕事を積極的にこなすようになったのは、彼女が二十歳を過ぎてからでした。

待ち時間にミカンを食べ続けた初仕事

私の初仕事は、ファッション雑誌『Ｏｌｉｖｅ』の、洋服のタイアップページ。二ページで、写真は二カットでした。

今そのページを見ると、とてもかわいらしい雰囲気の写真なのですが、そこに写る私自身のことは全然かわいいと思えません。強いていうなら「ぶさかわいい」という感じでしょうか。

まわりの人たちはいつも「かわいい」と言ってくれましたが、私自身は当時も自分をかわいいとは思っていなかったし、それだけに、どうしてモデルの仕事をいただけるのかもわかりませんでした。

『Ｏｌｉｖｅ』の撮影は、代官山スタジオで行われました。カメラの前に立つのが恥ずかしいやら緊張するやらで、身のやり場のない思いでした。それまでは、大人といえば親か先生しか知らなかった私。それがいきなり、親も先生もいないところでぽつんと大人にかこまれているのです。

メイクもされ、カメラを向けられ、緊張しないわけがありません。

スタジオの隅のテーブルには、一服したい人のための飲みものや食べ物が用意されていました。

スタッフの方に「ミカンを食べていいですか？」と聞くと、「いいよ」という返事でした。

待ち時間はとても緊張していたので、むしゃむしゃと食べ続け、気がつけば全部ひとりで食べてしまっていました。


デビュー当時の仕事は雑誌が主で、たまにカタログの撮影もありました。

ただ、その頃の私には、モデルとしての需要はそれほどありませんでした。二か月に一度、仕事があればラッキーという程度。ハーフのモデルはまだ珍しく、ほとんどお呼びでないといった時代だったのです。

人気があったのは、黒髪が腰くらいまでのびているような、いかにも日本人といった容貌のモデル。まだ子どもで身長も低く、ハーフだった私は、その路線からあまりにも離れすぎていました。

仕事がない状態が続くと、当時のマネージャーさんに「仕事がないのは君のせい」と言って責められました。そのたびに、「やりたくてやっている仕事ではないのに」と、理不尽さを感じたのをおぼえています。今に比べてモデルの地位そのものが低かった時代で、いやな思いをすることはほかにも少なからずありました。

やがて、同じ時期にデビューした穂積女華ちゃん（現・女華）、モデル歴の長い高橋マリ子ちゃん、それに私という同世代の三人組での撮影が増えてきて、ハーフのモデルがだんだん注目されるようになってきました。仕事が少しずつ増えてきたのも、その頃からだったと思います。

「不思議ちゃん」にされるのがいやだった

デビュー当時のモデルの世界というのは、私にとっては驚きの連続でした。ちょうどエキセントリックなものが流行っていた時代で、クリエイターたちが「こんな表現を試してみたい」と思いついたことが、何よりも優先されていました。

モデルが雑誌やテレビに出るとき、今は、かわいくきれいにしているのが当たり前ですが、当時は奇をてらった「不思議ちゃん」みたいな格好をさせられることが多かったのです。

私も撮影のために、髪に紙粘土をつけられたことがありました。ふつうの化粧品のラメではキラキラ感が足りないからと、マニキュアを目元につけられそうになったこともありました。

かわいい子がかわいいまま、きれいな子がきれいなまま写してもらえない風潮が、なぜかこの頃にはあったのです。モデルさんたちはいつも、あえて崩すメイクをされ、背の高い子がペタンコの靴を履かされるというふうに、モデルは実際の容姿よりもマイナスにされることが多かった。私がこの仕事をすぐに好きになれなかったのには、そういう理由もありました。

どうしても納得がいかないときは、「これはこうしたほうがいいと思う」「もっとこうしてみては」と、私なりの考えを言っていました。

もともと私は自分の意見を持っているタイプだし、子どもの頃からそういう姿勢でやってきました。今でも仕事の場では、けっこう率直に意見を言うようにしています。

仕事を好きになれたのには、何か特別なきっかけがあったわけではありません。続けているうちに、だんだんに好きになってきたのです。

実績を積むにつれ、自分に自信がついてきたというのも、一つにはあります。自分が大人になり、肩の力を抜いて仕事を楽しめるようになったというのもあるでしょう。

十代半ばまでの私には、子どもが仕事をするということに、どこか抵抗感がありました。本人が好きでやっている場合は別として、やはり子どもは子どもでいたほうがいい。学校に通い、友だちと遊ぶふつうの暮らしを送るのがいい。今もその考えは変わっていません。

初めはメイクをされることも、正直言って好きではありませんでした。他人に髪や顔をいじられるのが苦手という神経質な性格のためと、もうひとつは、まだ子どもだったからだと思います。ファンデーションだの口紅だのをベタベタつけられるのが好きな子どもはあまりいないと思います。

ただ、家で妹や母にメイクしてあげるのは好きでした。髪を切ってあげたり、マニキュアを塗ってあげたりもしていました。

大人になるにつれ、自分にメイクをすることにもどんどん興味が湧いてきました。一時はメイクさんになりたいと思ったほど好きだったし、今も家でよく、鏡に向かって研究しています。特に眉メイクには強いこだわりがあります。「女性の顔は眉毛で決まる」というのが私の信条なのです。

小さな駅の優しい駅長さん

家族で福井に住み、仕事があるたびに福井と東京の間を往復していた時期には、その道中でもさまざまな経験をしました。

東京までは飛行機が一番早かったのですが、福井県には空港がありません。空路を使うときは、隣の石川県へまず陸路で行き、小松空港から羽田に飛んでいました。

初めて一人で飛行機に乗ったときのことは、今でもはっきりとおぼえています。ほんの一時間ほどの短いフライトなのに、ひたすら緊張してしまい、もうどうしたらいいのかわからないほどでした。怖いとか不安とかではなく、このときはウキウキのほうの緊張です。座席のリクライニングの仕方がわからなかったので、姿勢はずっと硬直したままでした。

深夜バスもよく利用しました。子どもだったので夜十一時にはもう眠くなって寝ていましたが、隣の席にちょっとあやしそうな男性がいるときは、怖くてなかなか眠れなかったのをおぼえています。

一番よく利用したのは新幹線でした。これも福井県には通っていないため、滋賀の米原駅までまず在来線で一時間半ほどかけて行き、それから新幹線に乗り換えていました。米原駅には「のぞみ」は止まりません。「こだま」で行くので、東京へはさらに三時間くらいかかりました。

福井と米原の間の在来線も、本数はそれほどありません。東京からの帰りに、米原駅のホームで電車を待つ時間は、タイミングがよければ十分ほどでしたが、長いときは一時間以上でした。

東京と違い、駅のまわりにコンビニや書店といった、時間をつぶせるところもありません。しんしんと雪が降る冬の日は、吹きさらしのホームのベンチに座り、ひとりで凍えていました。

あるとき、福井へ帰る道中に、とんだハプニングが起きました。

米原から乗った電車の車中で私は眠りに落ち、福井駅を乗り過ごしてしまったのです。時計はすでに夜の十時をまわり、電車は県境を越えて、隣の石川県まで来ていました。

それ以上遠くへ行かないうちに車掌さんが検札に来たのは、思えば不幸中の幸いでした。揺り起こされてチケットを見せると、「福井? もう過ぎちゃったよ」と車掌さん。

さあ大変です。福井駅で待ってくれている母が、どんなに心配していることでしょう。翌日は学校もあります。慌てて次の駅で降り、携帯で母に電話をし、迎えに来てくれるよう頼みました。

そこは石川県の、何という駅だったかは忘れましたが、田んぼの中にぽつんと立っているような、小さな駅でした。

駅長さんは「かわいそうに。ここでちょっと待っていなさい」と言って、ストーブでぬくもった駅長室に私を入れてくれました。そして「はい、これを食べな」と、アンパンと缶入りの温かいお茶をくれたのです。心細かった気持ちがゆるんで涙があふれてきました。

しかしそのときの私は、せっかくのアンパンも食べられないほど疲れ切っていて、そこにあるソファに倒れ込むようにして、コトンと眠りに落ちてしまいました。

一時間ほどたったでしょうか。ようやく母が車で到着し、私を抱き上げて連れ帰ってくれました。

そして翌日は、ちゃんと朝から学校へ行ったのでした。

「マツモトキヨシ」にびっくり

仕事のために一度東京に来ると、短くても三日間は滞在していました。長いときは一週間。その間はほぼ毎日仕事でした。

東京では、当時の所属事務所が持っていたモデルズアパートメントか、姉のところに泊まっていました。姉はそのとき十八歳。中学卒業と同時に、家族より先に上京して一人暮らしを始め、夢だったモデルの仕事をしていました。

ずっと福井で育ってきた私は、東京という大都会で何かと戸惑い、驚かされました。

福井と東京は、バスの乗り方からして違うのです。東京では前から乗って、料金は先払い。福井では真ん中のドアから乗って、料金は後払いでした。

都内の電車の路線図もものすごく複雑に見え、ひととおり把握して使いこなせるようになるまで、かなりの時間がかかりました。福井市にあったのは、路面をのんびり走るちんちん電車くらい。それさえ、子どもだった私には、めったに乗る機会がなかったのです。

戸惑う私に、姉がアドバイスをくれました。「行く先々の駅で、必ず時刻表をもらってくるといいよ」と。

東京の多くの駅には、その駅の電車の発着時刻を載せた小さな時刻表が用意されていて、自由にもらえるようになっています。私は仕事でよく行く駅の時刻表をすべて集め、それらとにらめっこしながら翌日の仕事場への道のりをシミュレーションしておくことを習慣にしました。

明日のスタジオへは、この駅から徒歩何分だから、入りの時間に間に合うためにはここから何時何分の電車に乗り、どの駅で乗り換えて、何時何分に降りるといったことを、すべてこと細かに紙に書き出していました。

そこまでしないと初めはどこにも行けませんでした。大変だったけれど、当日はそれに従って行くだけなので、朝から気持ちを仕事だけに向けることができました。

ほかに東京で驚いたのは、ドラッグストアの存在です。ドラッグストアというと響きはいいですが、言ってみれば薬局です。薬局においてあるような商品ばかりが、ちょっとしたスーパーマーケットほどの大きさの店舗にずらっと並べてあり、しかもそんなお店があちらこちらにある。中でも「マツモトキヨシ」という店の名前は衝撃的で、バスの窓越しに初めて見たときの感想は、「あれ、何?」でした。

その後に読んだマンガに、「田舎の人が東京に来ると、マツモトキヨシを見てショックを受ける」と書いてあったときは、私だけではないんだなあと思いました。

おもちゃやファンシーグッズばかりを一堂に集めたデパート、原宿のキディランドも、福井にはないものでした。福井から通っていた頃は、仕事のあいまにキディランドに行くのが大きな楽しみでした。

全国で一番知られていない県

東京滞在中の楽しみのひとつに、テレビがありました。

当時の福井はチャンネルが四つしかなく、そのうち二つがNHKとNHK教育テレビ。あとの二つが民間放送で、日本テレビ系とフジテレビ系があるだけでした。

東京に来るたびにチャンネルの多さが嬉しくて、普段はあまり観ないテレビを観ていたように思います。特に「テレビ東京」には、いかにも東京のテレビという都会的な響きを感じていました。

あるとき何げなく観ていた番組で、「知らない県のランキング」みたいなことをやっていました。街を歩く人たちに「日本で知らない県はありますか?」と聞き、そのアンケート結果を発表するという内容でした。私は日本の都道府県の名前をわりと知っているほうなので、「知らない県がある人もいるんだなあ」という軽い気持ちで観ていました。

三位と二位は、確か山陰や四国の県でした。そして輝く一位は、なんと福井県だったのです。ショックでした。福井の存在を知らないこの人たちにとっては、福井にいる私の家族も、友だちも、存在していないに等しいんだ、と思えたからです。

一緒に仕事をしているモデルの子たちもほとんど福井を知らず、特にハーフの子たちには「えっ、それどこ?」とよく聞かれました。

「福」がつく県は全国に三つあるので、よけい印象が薄いのかもしれません。今でも「出身は福井です」と言うと、「ああ、福岡っていいところだよね」などと返されることがあります。

その福井にいる友だちは、私が東京で仕事をしていることに興味津々の様子でした。「東京ってどんな感じ?」と、学校でよく聞かれたものです。

仕事の楽しさに目覚める

仕事と学校の両立は、実のところ、かなり大変でした。中学校までは義務教育なので、あまり学校に行けなくても卒業できますが、高校は単位数を満たしていないと卒業できません。マネージャーさんと一緒に、学校の時間割と仕事のスケジュールを真剣に見比べては、予定を組んでいました。

そういう状況だったので、やりたくてもできない仕事や、受けたくても受けられないオーディションがたくさんありました。オーディションに行かないと仕事も増えません。だからといって高校を中退して仕事に専念するのもいやでした。勉強が好きだったからです。むしろ仕事のほうが、正直いって、いつやめてもいいと考えていました。

転機は高校三年生のとき。仕事か大学受験かを、とうとう選ばなければならなくなったのです。

すでに書いたように、迷った末に私は仕事を選びました。モデルという職業に自分は百パーセント没頭したことがない。だったら一年、仕事だけに専念してみようと思ったのです。一年間全力投球でやってみて、やっぱり勉強したいと思ったらそのときに大学を受けても遅くはないと。

高校卒業と同時に所属事務所を変えました。環境が変わり、自分自身の気持ちも変わり、ほかにもいろいろなことが重なって、私の人生は一変しました。

仕事というのは、時間と気持ちを注げば注ぐほど、多くのチャンスが入ってきます。いただいたオファーにも、いくらでも応えることができます。朝から晩まで、三百六十五日、仕事だけに集中できる。「学業優先」というそれまでの制限が外れ、自分自身を百パーセント仕事に明け渡したとき、ようやく私は仕事の楽しさに目覚めました。

「この仕事が好き！」

生活も気持ちもがらりと変わった新鮮さと高揚感の中で、私はあっというまに忙しくなり、以来、夢中のまま走り続けて現在に至ります。

私は、将来について、あまり考えないタイプです。どちらかというと今を楽しむのが好きなので、五年後、十年後はこうしていたいということは、考えたことがありません。この先一年くらいのショートプランを立てるのは好きでも、ロングプランは不得意なのです。

そんな私でも、もう今までの人生の半分、この仕事をしてきたことになります。モデルという仕事は、完全に私の人生の一部なのです。

クリエイトする現場が好き

仕事をしていて一番楽しいのは、何といっても、いい作品ができたときです。

最終的なできあがりを見たときではありません。作っている最中が楽しいのです。私は、自分が出ている記事や広告をあとから見るより、作るプロセス、作っている現場が好き。そして、その時点でもうわかります。ああ、今回は絶対にいい作品ができるな、と。

私の仕事は、カメラマンさん、スタイリストさん、ヘアメイクさん、編集者さんなどのスタッフみんなが協力し合い、ひとつのものを作り上げていくので、ひとりでは成り立ちません。それぞれがクリエイターなので、いいものを作りたいという気持ちは一緒です。

だから、みんながハッピーで、みんなができあがりに満足できたときが、一番いい仕事ができたなと思えるときです。

いつもそうなればいいのですが、誰かがアンハッピーな気持ちでいるときも時々あります。そういうときは私も悲しくなります。それでもこの世界にいる人たちは基本的にセンシティブなので、まわりも気づきますし、特にカメラの前に立つ私がハッピーでないと、みんなが何かと気遣ってくれます。そして、それとなく全体をいいバイブレーションに持っていってくれる。そういう目に見えない次元も含めての共同作業を、私たちはやっているのだと思います。


仕事をしながら私が大切にしていること。

たくさんあるけれど、一番は初心を忘れないことと、感謝の気持ちです。

忘れたくない初心というのは、特に、福井から東京に通っていた頃の気持ちです。夜行バスで怖い思いをしたことや、夜遅くに電車を乗り過ごしたりしたことは、苦労とまではいえなくても、十三歳の私には楽なことではありませんでした。東京に住んでいるモデルの子は、撮影日の朝に自宅からタクシーで来て、仕事が終われば学校にも戻れたけれど、私は違いました。

それでも私なりにがんばってきたから、今の自分がある。それを忘れたくないと思っています。

感謝したいのは、仕事に恵まれ続けたことです。

私がデビューした頃は、オーディションを受けて仕事をもらうのが基本でした。一人しか受からないオーディションにも何十人と女の子が集まり、会場には「みんながライバル」という対抗意識と緊張感が充満していました。その合否は、テストを受けながらの手応えで、「ああ、受かりそうだな」「今回はだめかも」と、だいたい自分でわかったものです。

モデルというと、かわいい洋服を着て、ヘアメイクもきれいにしてもらって、撮影で海外へも行けてという華やかなイメージを持たれがちですが、現実はかなりシビアです。

私が仕事を続けてきた陰には、仕事をもらえなかった人たちが大勢いる。そういう意味でも、自分がここまでこられたことへの感謝を、決して忘れずにいたいと思います。

第二章

私が好きなもの

～ひとりの時間、スピリチュアルな時間

〔1〕映画と日記と瞑想と

私の一日

私の朝は、軽い朝食から始まります。起きたらまず水をたっぷり飲み、それからシリアルやヨーグルトなどを食べます。

朝食をとるようになったのは、実は最近のこと。それまではまったく食べなかったのですが、ちゃんと食べたほうが、その日一日を元気ですごせることに気づいたのです。

朝食前にヨガをする日もあります。十分くらいかけて「サンサルテーション」という太陽礼拝のポーズを六回すると、心も体もすっきりします。

その後、朝風呂か朝シャンをします。特に朝から仕事に行く日は、必ずお風呂に入ります。すっきりした気分で仕事に向かいたいからです。

すぐに出かけなくていい日は、ベランダで紅茶などを飲みながら、本を読んだりします。朝の太陽を浴びると、体が目覚め、生活のリズムが整うのです。

まる一日オフの日は、必ず何かトレーニングをします。家でやる日もあれば、ジムに行く日もあります。走ることも好きで、よく近所の大きな公園までの往復プラス、園内を一周します。全部で四十分ほどかかります。

体の調整をまとめて行う休日もあり、「メンテナンス日」と呼んでいます。鍼やマッサージ、整体、岩盤浴などをハシゴします。

友だちとランチや夕食を楽しんだり、家に遊びに来てもらったりするのも、オフの日ならではの楽しみです。

仕事で行く場所は日によっていろいろです。

移動中の乗り物で、私はいつも音楽を聴いています。街を歩きながら、走りながら、運動しながらも、音楽をよく聴きます。音楽を聴いていると、体を動かしたくなるのです。家でリラックスしながら聴くのも、もちろん好き。

聴くのは洋楽ばかりです。R&B、ヒップホップ、ジャズ、アコースティック系、クラシックと、昔からかなり幅広く聴いています。特定の何かや誰かが好きというより、何でも聴くし、流行りの曲にもアンテナを立てています。

寝る時間は日によってばらばらです。睡眠時間は、短い日で五時間ぐらい、長くて十時間ぐらいです。海外へもよく行くので、時差の調整がけっこう大変です。なるべく睡眠不足をためないよう、お昼寝も時々しています。

映画は私の生活の一部

映画は中学時代から大好きで、私の生活の一部になっています。夜のお風呂も、ＤＶＤプレーヤーを持って入るくらいです。熱めのお風呂が好きなので、映画に夢中になっているうちに二時間近くがたち、汗だくになってしまうこともしょっちゅうです。そうならないように、前半、後半に分けて観るか、四十分くらいの海外ドラマを一本観るという日もよくあります。

映画を観るようになったのは、受験勉強真っ最中の、中学三年生のときでした。家で一人で勉強していると、同じ集中力をずっと保ち続けるのは難しく、だらだらしてしまったり、気が散ってきて何かしらほかのことを始めてしまったりするもの。マンガなどを読み始めれば、あっというまに一時間以上すぎてしまいます。

そうやって時間を無駄にするなら、「今から休憩」ときっぱり決めて、映画を一本見ることにしようと、あるとき私は思いつきました。休憩中は勉強のことは一切忘れて映画に集中し、終わったらまた勉強に戻って集中する。自分で決めたこのルールは、私にとって、かなりいいリフレッシュ方法になりました。

毎日のようにレンタルショップへ行き、ビデオかＤＶＤを借りてくるのが日課になりました。そうするうちに映画が大好きになり、毎日二本ずつ観るようになりました。

初めは映画の知識がほとんどなかったので、店の棚の端から端まで順番に借りていました。そのうちに、自分はこういう映画が好きなんだな、この監督や俳優は好きだなというのがわかってきて、映画を選ぶ基準みたいなものが自分の中にできてきました。今は監督や俳優で選ぶことがほとんどです。

とはいえ、基本的にはえり好みなく、何でも観ています。ハリウッド映画から、ヨーロッパの映画、ホラー、昔の映画に至るまで、どのジャンルも好きです。そんな私が一番困るのは、「今まで見た中で一番好きな映画は？」という質問です。今までにもう数えきれないくらい観てきたので、とても選べません。ジャンル別のベスト三とかなら、まだ答えることができそうです。

好きな監督は、今はデヴィッド・リンチ、スティーブン・ソダーバーグ、アレハンドロ・ゴンサレス・イニャリトゥ。

好きな俳優は、最近の人ではペネロペ・クルス。容姿はもちろん、演技も、彼女がハリウッドに出始めたばかりの頃からずっと好きでした。演技のうまさが、私の中では、俳優を好きになる一番の基準なのです。

その点ナオミ・ワッツもすごく好きだし、シャーリーズ・セロンも、内から湧き出るパッションの強さが感じられ、同じ女性としてとても憧れます。メリル・ストリープや、故人ではオードリー・ヘップバーンも大好きです。

日本の映画はほとんど観ませんが、古いものは時々観ます。伊丹十三、黒澤明の作品は、やっぱりすばらしいなと思います。

日記を書くのは自分との会話

一人でいるとき、私はよく書きものをしています。まずブログとツイッター。この二つは場所を選ばずにアップできるので、外にいるときにも書きます。

次に「仕事手帳」。私はプランニングが苦手なので、「仕事手帳」と呼んでいるスケジュール帳に、まめに予定を書き込んでいます。以前はこの手帳に仕事のことしか書きませんでしたが、最近は友だちとの約束やディナーの予定なども書いています。

このほか「引き寄せノート」や「感謝ノート」も書いていて、今日はどれとどれを書こうかな、なんて迷うのも、私にとっては楽しい時間です。

日記も、子どもの頃からずっとつけています。日記を書く時間は、私自身の心と会話する、とても大切な時間です。一人でいる時間に、携帯やＰＣでインターネットばかり見ている人には、毎日でなくとも、日記を書くことのほうを私はお勧めしたいです。

日記のよさは、自分の感情を自分で認めてあげられることだと思います。

誰にでも、悔しかったり、悲しかったり、落ち込んだりすることはあるはずです。いらだちやジェラシーを感じることや、誰かを嫌いだと思うこともあるでしょう。人間なら自然なことだと思います。

ところがネガティブな感情というのは、自分ではなかなか認めたくないもの。まして身近な人へのネガティブな思いは、そんなふうに思ってしまう自分がいやで、つい目を背けたくなります。それでもあえて、思いのすべてを日記に書き出してみると、自分の今の気持ちを、ちょっと引いた視点から見つめることができるのです。

自分の感情は、否定したり、無視したりするのではなく、まず認めてあげることが一番大切ではないでしょうか。「この人が好き」「今日は嬉しい」といったポジティブな感情と同じように、ネガティブな感情も、いったん受けとめるほうが、かえってその感情を手放す近道だと思うのです。

私は、落ち込んでいるとき、つらいときほどよく日記を書いてきました。でも、過去の日記を読み返すと、ほとんどが笑えるような内容です。日記の中の私は、もう世界の終わりかというくらい悩んでいる。でも今では「何これ、こんなことで私、悩んでいたんだ。小さい、小さい」と笑える程度のことなのです。

もちろん、そうなるまでには時間も必要。五、六年かかる場合もあります。だけどそれは、裏を返せば「五、六年もたてば今の悩みも過去のものになるんだ」ということでもある。そう思えばとても気が楽になります。

日記を書く習慣のおかげで、私はそんなことにも気づけたのです。

一人きりで瞑想する時間

最近の私は、ますます一人の時間の大切さを実感しています。もともと私は一人でいる時間が好きだし、欠かせないものだと考えています。ずっと人と一緒にいると疲れてしまうたちなのです。だから家でも仕事場でも、たとえ一瞬でも一人きりになれる時間を持つようにしています。自分が今どういう気持ちでいるのか、どういう感情でいるのかを整理する時間が、忙しくなればなるほど必要となるからです。

そこで始めたのが、瞑想です。ヨガとは別に、時間を設けてやっています。

瞑想は朝やるのが一番よく、一日に二回できればもっといいと聞きます。でも今の私には、一日一回が精いっぱい。それも、どうしてもお昼すぎか夕方になってしまいます。

時間は今のところ十分間くらいです。あっというまにすぎる日もたまにありますが、たいていは長いと感じてしまうので、「今の私にとっては十分が限界なんだな」と受けとめています。もちろんこれからもっと長くしていくつもりです。

姿勢は、両足を組む禅の姿勢です。時々ですが、仰向けに寝てすることもあります。それ以上の細かい作法はよくわかっていないので、瞑想法の本をいずれ読んで勉強したいと思っています。

私はお香を焚きながら瞑想するのが好きです。最近はネイティブアメリカンの粉状のお香を愛用しています。炭を燃やし、その上に粉をのせるのです。お香を焚くのと焚かないのとでは、瞑想の深まり方が全然違います。

不思議なのは、わが家の飼い猫ビアンちゃんが、瞑想中には絶対私に近寄ってこないこと。玄関のベルや、電話が鳴ることもありません。「これから十分間、心を落ち着かせて瞑想しよう」と心に決め、ピュアな気持ちでとり組めば、何にも邪魔されずに集中できる環境が、ちゃんと用意されるもののようです。

それにしても、瞑想で心を無にするのは、やっぱりすごく難しい。体調や心の状態によって、スムーズに集中できる日と、全然できない日があります。でも、できないのが当然だと思うことにしています。雑念が出てこないようになるまでには、相当な訓練が必要だと聞くからです。

とにかく今は、「続ける」ことを当面の目標にしています。スピリチュアル系の本や自己啓発の本を読むと、どの本にも瞑想を続けると絶対にいいと思えることが書かれているからです。実際、毎日瞑想を続けていると、どんどん感覚が研ぎ澄まされていく感じがします。

ヨガというのは、そもそも瞑想のためにあるといいます。ヨガ哲学のうち、体を動かすヨガは、ほんの五パーセントほどだそうです。

体を動かすのも、ダイエットや体質改善のためなどではありません。副産物として、そういうことは確かにあるけれど、基本的にはその後に行う瞑想を深めるのが目的だそうです。ヨガの熟練者たちも、「このあとの瞑想が深まる」という期待があればこそ、どんなにつらいポーズもがんばれるのだとか。

私は一時期ヨガに夢中になり、多いときは週に五回もスタジオに通っていたほどです。体を動かすヨガはもちろん好きですが、精神的なヨガはもっと好き。瞑想を始めたのも、そこからの自然な流れでした。最近は旅行先のビーチで、ちょっと人と離れて瞑想をすることもあります。これからどんどん極めていきたいと思っています。

人間は本来スピリチュアル

瞑想の目的は、心と体を一つにすることですが、本当ならふだんから心と体を一つにして生きていることが理想なのだと思います。

以前、相手のたましいと会話ができるという、不思議な能力を持った人にみてもらったことがあります。その人いわく、世の中のほとんどの人々は、自分自身のたましいの本音とは百八十度違うところで生きているそうです。心で思っていることと、頭で考えてとる行動がまったく違っていたり、心の声を頭がまったく無視していたり。

ところが私は、心と頭がすごく近い、とてもスピリチュアルな人だと言われました。完全に一致してはいないけれど、きわめて近い、珍しいタイプだと。

今、二〇一二年の年末に起こるとされている「アセンション」が、スピリチュアルな世界で話題になっています。「アセンション」は、「上昇」を意味する英語で、スピリチュアル的には、「次元上昇」を意味します。人類、あるいは地球という星の、スピリチュアル的なレベルがひとつ上がる、というのが「アセンション」です。二〇一二年に大災害が起きる、などということを言う人もいましたがそうではなく、そのときこの地球には、心と頭、さらにはたましいも一致した、いわゆるスピリチュアルな人がぐんと増えていく——私はそんなイメージを「アセンション」に持っています。

現に今も少しずつ増えているようです。ごくふつうの主婦やサラリーマンが、ある日突然スピリチュアルな感覚を開花させ、チャネラーのようになったという話はよく聞きます。私のまわりにも、スピリチュアル系の本などまったく読んでいなくてもスピリチュアルなことを深く理解し、スピリチュアルな感性で生きている人が少なくありません。これからはもっとそういう人が増えていくのではないかと思います。

もともと人間は、スピリチュアルな存在なのだと思います。そのことを、文明社会に暮らすうちに忘れてしまったのが今の私たち。そして再び思い出すのが「アセンション」なのではないでしょうか。

人間は、生まれ持った脳のうち、ふつうの人で三パーセント、ＩＱ二〇〇ぐらいの天才と言われている人でもせいぜい五パーセントしか使っていないそうです。それがたとえばあと五パーセント使えるようになっただけでもすごいことが起こりそうだし、半分も使えるようになったら、超能力どころではない、とんでもないことができるようになりそうです。

私たちが、本来のスピリチュアリティを、今より少しでも取り戻す道。

そのひとつが、私は心と体を一致させる瞑想なのだと思います。瞑想をしなくても、できるだけ無になる、ゼロになることで、人間の可能性はどんどん開かれていく気がします。人間のベストな状態とは、何も求めない、無でいることなのです。

今までいろいろな本を読んでわかったことは、人生って、基本的に幸せになるようにできているということ。

ところが、人間は知恵がついた分、いろいろ考えすぎたり、余計なことで悩んだり、あえて難しい道を選んだりと、ネガティブな思いに支配されがちです。

でも、何も求めないゼロの状態になれば、すべてはうまくいくようにできているのです。

2 本が好き

週に一度は書店でまとめ買い

本を読むのが大好きです。

子どもの頃にはそれほど読みませんでしたが、もともと勉強が好きなので、読書の習慣も、大人になってから自然と身につきました。

初めは主に小説を読んでいました。小説好きの姉に「これ面白いよ」と勧められて次々と読むうちに、私も好きになり、ほかのジャンルの本も読むようになりました。

好きな作家は、桐野夏生さん、東野圭吾さん、花村萬月さん。私は小説を読むときも映画を観る感覚なので、殺人とかマフィアが出てくるような、ハードボイルドものが一番好きです。ただ最近は、小説よりも、自伝ものや、スピリチュアル系の本が読書の中心になってきました。

少し前までは、移動中の車内、寝る前のひとときと、たまにお風呂に入りながら読むのが、私の楽しみな読書の時間でした。でもだんだんそれでは足りなくなってきて、最近は本を読むための時間をちゃんと作るようにしています。

そうしたら読書量がぐんと増え、今では週に、だいたい四、五冊から七冊のペースで読んでいます。面白い本は、読み始めたら止まらなくなります。その分、肩こりに悩まされるようになりましたが。本を読みながら、「ああ、いいな」と思った言葉を手帳に書き留めておくのも、私の幸せな時間です。

本は、ほとんど書店で買います。一週間か十日に一度、行きつけの大型書店に出かけ、十冊くらいまとめ買いします。まとめ買いをすると、その書店が家に配送してくれるので、荷物を気にすることもありません。

本を選ぶときは、タイトルと目次、著者のプロフィールを参考にします。小説の場合は最初の一ページを読んで判断します。出だしで話の世界に入っていけない小説は、いくら読んでも同じだと経験上わかっているからです。

書店では、好きな著者の新刊には必ず目を通しますし、ベストセラーもできるだけチェックします。売れるだけの理由がきっとあるはずだからです。

読書量が増えるにつれ、自分には合わない本というのも、だんだんはっきりわかってきました。それでも読み始めてしまったら、私の性格上、途中でやめることはできません。最後までちゃんとと読んでから評価したほうがいいと思うからです。映画も同じ理由で、どんなにつまらなくても最後まで観るようにしています。

書店は昔から大好きな場所ですが、本当は、時間があれば図書館にも出かけたいこの頃です。書店には、少し前に出た本でも、もうおいていない場合があるからです。図書館でアルバイトできたら、どんなに楽しいだろうなと想像しています。

私は最新テクノロジーを使いこなすのが好きなので、今はiPadでの読書もしています。本は冊数が増えれば増えるほどかさばるけれど、iPadだと何冊分でもコンパクトにおさまるし、持ち運びも楽にできます。

ただ、気に入った本は、私は本としても持っていたいのです。紙の本には、やはりデジタルにはない独特の味わいがあるからです。

昨日も書店で十冊の本を買いましたが、これが電子書籍だったら、全部は買わなかったと思います。好きな本、大事にしたい本ほど、かたちある物としても手元に持っていたい。それにデジタルと違い、万一データが飛んだらという心配もありません。

最近のネット上には、映像つきの小説も出始めているようですが、それはまた本の小説とは別のものだと思います。私のように、本で読み、自分でイメージをふくらませるのが好きな人も多いはずです。

著者の人生がリアルに伝わる自伝

最近読んだ中ですごくよかった本は、自伝ものでは『ただマイヨ・ジョーヌのためでなく』です。読んでみて、ベストセラーになった理由がよくわかりました。けっこう厚い本ですが、面白い上に読みやすく、私はあっというまに読み終えてしまいました。

著者のランス・アームストロングは、もともとトライアスロンをやっていて、その後サイクリストとして活躍していた人です。ところが二十五歳という若さでガンになってしまうのです。しかも、ガンがわかったときにはもう末期で、生存率はとても低い、という状態でした。

しかし彼はガンをみごとに克服します。もっとすごいのはそのあとで、ツール・ド・フランスという、世界で一番ハードだといわれている自転車競技で七年連続、総合優勝を果たすのです。そんな人は今まで一人もいなかったし、これからもいないのではないでしょうか。

それほどの快挙をなし遂げたにもかかわらず、彼は本の最後のほうで語っています。「ツール・ド・フランスで七回優勝したランス・アームストロング」と呼ばれるよりも、「末期がんを克服したランス・アームストロング」と呼ばれたい、と。自転車は自分の仕事だし、好きだけど、ガンは自分の人生を本当に変えてくれた、だからそう呼ばれたいんだと、彼は言うのです。

本当に感動的で、インスピレーションをいっぱい与えてくれた本でした。

私が自伝を好きなのは、やはり誰かが実際に経験した本当の話だからです。本になるほどの人生を送ってきた人の、考え方、感じ方をその人自身の言葉でリアルに知ることができるのも自伝のよさだと思います。経歴や業績だけなら、早い話がインターネットでもわかること。でも、その人が絶体絶命のピンチに陥ったときや、歴史に残るような偉業を成し遂げたとき、一人の人間としてどんな心境だったのかがわかるのは、自伝ならではのことではないでしょうか。

雲の上の存在のような人でも、私たちと同じように悩んだり、挫折したり、苦しんだりしたことを知ると、とても励まされます。私自身が生きていく上での勉強にもなっています。

スピリチュアルな本に夢中

私が『ザ・シークレット』を好きなことは、よく知られているとおりです。テレビや雑誌で紹介して以来、多くの人が読んでくれたようです。

その後読んだ本で、もしかすると私の中で『ザ・シークレット』を超えたかなと思えるくらいよかったのは、『ザ・シークレット』の著者の一人でもあるジョー・ヴィターレの『ザ・キー』です。何度も何度も読み返したくなるほど面白い本です。

たとえば最後の方に「感情の手放し方」という章があります。そこには、私たちを悩ませ支配する「感情」を上手に手放すための方法が、何種類も紹介されています。私もいろいろ実践した結果、自分に合ったものを見つけて日常に役立てています。

この本で、著者はハワイの「ホ・オポノポノ」についてもふれています。私はそれでホ・オポノポノを初めて知りました。以来イハレアカラ・ヒュー・レン博士の著書を中心に、ホ・オポノポノの本を次々に読み、紹介されているメソッドを日常の中で実践しています。

ホ・オポノポノというのは、ハワイで昔から受け継がれてきた癒しの手法のことで、簡単に言うと、どんな問題も愛によってクリアできるという考え方がベースになっています。そして、「愛しています」「ごめんなさい」「許してください」「ありがとう」の四つの言葉には強力な癒しの力があり、ひたすら唱えれば自分自身もまわりも浄化されていくというのです。

私は以前からハワイが大好きで、よく行っています。パワースポットと呼ばれるだけあり、行くたびに自分の中から毒素みたいなものが抜け出て、エネルギーをチャージできる気がします。だからこそ、ハワイには世界中から人々が集まってきているのではないでしょうか。きれいな海や自然だけが理由ではないはずです。

ハワイが強い癒しの力を持っているのも、この由緒ある浄化のメソッド、ホ・オポノポノがあるからなのかもしれません。

ほかに、最近読んだ本で面白かったのが、マイク・ドゥーリーの『宇宙からの手紙』。わかりやすくて大好きです。

ピエール・フランクの著書も、ワクワクするくらいの面白さです。

特に『宇宙に上手にお願いする法』、『宇宙にもっと上手にお願いする法』、『宇宙に気軽にお願いする法』、『宇宙に上手にお願いする「共鳴の法則」』と続くシリーズは、どれも外れがなく、一冊ごとにパワーアップしているのを感じます。

彼の本の面白いところは、宇宙の「引き寄せの法則」についてスピリチュアルな観点からも語りながら、同時に科学的にも語っていること。私が今までに読んだ中では、思考がなぜ現実化するのかをうまく説明している一番の本だと思います。「引き寄せ」について深く知りたい人にはもちろん、「引き寄せって本当なの？」と疑ってしまう人にも、なおさらお勧めしたい本です。

過去は変えられる

今、夢中になって読んでいるのが、私の大好きなディーパック・チョプラの親友というウェイン・W・ダイアーの本です。私はチョプラの本も好きなのですが、彼の本は難しくてなかなか読み進められないときがあります。その点ダイアーの本は、深い内容のことがわかりやすく書かれていて、読み応えがあります。

最近読んだのは『ダイアー博士のスピリチュアル・ライフ』。かなりお勧めです。ところどころに、彼がいいと思った名言や格言、たとえばマザー・テレサやブッダの一言などがちりばめられているのも、とても勉強になります。ダイアーの本の面白さ、わかりやすさは、事例やたとえが豊富なところからも来ているように思います。

たとえば、沈黙の大切さを説いている部分に、彼の知り合いの男性がインドのアシュラムで修行したときの話が出てきます。その修行は、四週間、一切口をきいてはいけないという厳しいものので、ほとんどの人が早々に挫折してしまうそうです。その男性も三回めまでは途中で声を出してしまい、あえなく脱落していました。四年め、四回めの挑戦で、彼はようやく沈黙を貫くことができ、同じようにクリアできた人たちが集まる小屋に行くことができました。

そこで彼は驚くべき体験をします。人々がマスターのような人物をかこんで座っていて、そこでもやはり声を出してはいけないことになっているのですが、にもかかわらず、みんなで「語り合う」のです。自分の体験や感想を、感情豊かに、けれども言葉を一言も発することのない、心と心の会話で。

要するにそこにいた人々は、沈黙の修行の結果、テレパシーのようなことができるようになっていたのです。沈黙というのはそれくらい、人間のスピリチュアリティを研ぎ澄ませてくれるものなのでしょう。

私も東京のような大都会に住んでいるからこそ、静かな空間に一人で身をおいたり、瞑想したりする時間をますます大切にしていきたいと、改めて思いました。

もう一つ印象的だったのが、過去の失敗を忘れられない人、過去にとらわれてしまっている人にぜひ知ってもらいたい、こんなたとえです。

船が通ったあとには、海面に泡のような航跡が残り、やがてそれも消えていきます。ダイアーは、この航跡を過去、船を現在にたとえています。

船を動かしているのはエンジンであって、航跡ではありません。船が航跡に押されて動いているわけではないように、過去も、現在の自分に対して、何の力も持っていないのです。過去のせいでこの現在があるわけではなく、航跡は航跡にすぎないように、過去も単なる過去でしかありません。だから過去にとらわれるのはやめなさい、とダイアーは言うのです。

誰にでも、現在があるということは、必ず過去があります。そして、間違いをおかさない人は、おそらくこの世にいません。

過去のあやまちをくよくよ後悔しないのはとても難しいこと。私ももともとはけっこう気にしてしまうタイプです。人間、後悔のないように生きられるのが一番ですが、人生にはいろいろなことがあるから、それはほとんど無理でしょう。だから、たとえ何かしてしまってもくよくよしないことが一番だと私は思います。もう終わったことなのだし、過去は変えられるのですから。

そう、過去は変えられるのです。

いろいろな本を読み、また自分の経験から、私はそういう確信に至りました。未来を選べるのと同じように、過去は変えられます。未来の選び方次第で、過去も変えることができるのです。

〔3〕スピリチュアルが好き

ホロスコープから「アセンション」へ

私がスピリチュアル系や自己啓発の本を次々に読むようになったのは、二年前からです。もともと私は占星術が大好きで、自分でも勉強し、ホロスコープを描いたり、友だちを占ってあげたりしていました。その興味の延長で、星や宇宙に関する本を読むうちに、あるとき「アセンション」という言葉に出会ったのです。そこからスピリチュアルな世界に目覚め、「引き寄せの法則」も知りました。

最近はエンジェルに関する本もよく読み、私自身、時々天使の存在を感じます。スピリット・ガイドのような存在も、確かにいると感じています。

占星術では、鏡リュウジさんの本が好き。書店で面白そうな占星術の本を買い、あとでよく見ると、著者は決まって彼なのです。占星術とユング心理学などをミックスした新しい時代のホロスコープを提案する、とても面白い研究家だと思います。

占い師ではほかに、石井ゆかりさん、橘さくらさんも好きです。

鏡さんは個人鑑定はやっていないようですが、以前、たまたま雑誌の企画で見てもらったことがあります。驚くくらいよく当たっていました。すごく物知りで頭のいい方なので、話が尽きませんでした。

彼のよさのひとつは、ポジティブなことしか言わないことだと思います。私はネガティブなことを言う占い師は苦手。どんなことにもいい面、悪い面、両方あるのに、わざわざ悪い面のほうを言ってしまうのは、おかしいと思うのです。言われたほうはガクンと気落ちし、その言葉にとらわれ、かえって悪いことを引き寄せてしまうのではないでしょうか。その点、鏡さんは、ずばずば言うけど優しいし、面白おかしく語るから、対談したあと、とてもポジティブになれました。

鏡さんが監修したタロットカードも持っていて、自分のことを占ったり、姉妹や友だちを占ってあげたりしています。自己流ですが、いつも怖いくらい当たります。タロットは、ちょっとしたサイキックな遊び。出てくるカードは決して偶然ではなく、何かしらスピリチュアルな力が働いていそうです。だからこそ、心を開いていないとできないように思います。

鏡さんに会ったときに「あのカード、とてもいいですね。よく当たるんです」と言ったら、彼の答えは「ジェシカさん自身が、カードを使える人なんだと思いますよ」でした。人によって、カードを本当の意味で使える人とそうでない人がいるらしいのです。

鏡さんが言うように、私が使いこなせるタイプなら、それは多分、タロットカードが持つ神秘的な力を信じているからだと思います。

お気に入りのパワーストーン

パワーストーンも、私の大事なスピリチュアル・アイテムです。

毎日の瞑想も、大きなローズクォーツのそばでやっています。ローズクォーツは、本来はとても優しくてふわっとした感じの、女性的なパワーを持った石ですが、うちにある石はちょっと違い、かなり強いサイキックなパワーを感じさせます。

セレスタイトという石も大のお気に入り。いつも私のベッドのサイドテーブルに置いてあります。セレスタイトは天使が降りてくる石とされているだけに、繊細で、光や水に弱いようです。私のはサイズがけっこう大きく、ころんとしていて、たとえは変ですが、ジャガバターみたい。

なんだか美味しそうで、とてもかわいがっています。

このセレスタイトは、お気に入りの天然石店で買いました。そこには、石の買いつけに行く女性がいるのですが、彼女はスピリットと会話ができる人です。この石との出会いにも、とても不思議なエピソードがあったのです。

彼女は、家のエネルギーも感じとれる人で、あるとき私の家にも来てもらいました。「天使がすごくたくさんいる家ですね」と驚いていました。その三日後ぐらいから、彼女は石の買いつけのためにフランスとドイツへ出かけたようでした。

帰国後すぐに私にくれたメールに、「ジェシカさんにぴったりの石を見つけました」とありました。私のエネルギーをよく知っている彼女には、「この石が合う」とはっきりわかったそうです。

何という石かと聞くと、「セレスタイトっていう石なんです」と彼女。

セレスタイト！　その名を聞いてびっくりしました。

もともとパワーストーンが好きで、知識もある程度あった私は、セレスタイトという石の存在も知っていて、いつかは持ちたいと思っていました。なぜなら私のミドルネームが「セレステ」だからです。

「えっ、本当? 実は私のミドルネーム、セレステなんですよ」と言うと、彼女はさらに驚きました。「買いつけに行った街の名前、セレスタっていうのよ」と。

「セレステ」という言葉は「ブルー」という意味です。石のセレスタイトも、淡いブルーである場合が多いようです。

でも彼女が見つけたのは、とても珍しいホワイトセレスタイトでした。私のエネルギーには、白いセレスタイトのほうが合っているそうです。店にはいくつものホワイトセレスタイトがあったようで、中から私に一番ぴったりなものを選んできてくれました。

石は、植物と一緒で、話しかけてあげるとすごく喜びます。水晶などは、なでてあげたりすると、喜んでレインボーに光ってくれるのです。私は家でよく、お気に入りの石たちに話しかけています。

カプリ島での目覚め

スピリチュアルに目覚めたのは二年前で、私はどうも、そのきっかけがイタリアのカプリ島への旅行だった気がしてなりません。

カプリ島へは撮影の仕事で行きました。ボートの上での撮影もあり、私たちはボートに乗りながら、三、四十分ほどかけて島を一周しました。

カプリ島は、岩場が多いのでビーチは少なめ。海から島を見ると、まわりじゅう断崖絶壁に囲まれているのがわかります。見る者を圧倒する厳めしい姿は、自然のすごみ、地球のパワーを感じさせます。ハワイとはまた違った感じのパワースポットだと思いました。

絶壁のところどころに洞窟があり、その一つひとつに宇宙船が停まっていてもおかしくない、異様な風景でした。世界遺産で有名な「青の洞窟」もありました。

撮影終了後、一緒に来ていた仲よしのスタイリストの佐々木敬子さんと私は、そのまま数日、島に残りました。カプリ島へはなかなか来ることがないから、この機会にのんびり観光をと思ったのです。

滞在中に、私たちはスピリチュアルな体験や不思議な出会いをたくさんしました。きわめつきは最終日の前夜です。島に着いて以来ずっとピーカンの快晴続きだったのに、その夜はいきなり大嵐でした。島が爆発するのではないかと思うくらいの激しい雷鳴がとどろき渡り、稲妻が空を大きく切り裂き、豪雨が容赦なく島に降り注ぎました。怖がりではない私も、このときばかりはものすごく怖くて、なかなか寝つけないほどでした。

ところが翌朝はどうでしょう。朝起きると、またピーカンの快晴なのです。まるで何事もなかったかのように、いつもの風景が広がっていました。

でも私の中には、何かが生まれ変わったような確かな感覚がありました。

「今から新しい出発です！」

島がそう語りかけてくれている気がしました。

事実、私にとってのこの年は、まさに怒濤の日々の連続で、いろいろなことが大きく変化した年でした。

この旅を一緒にしたスタイリストの佐々木さんが、スピリチュアル系の本をよく読む人でした。旅行中に勧められ、私も何冊か読んだ中にあったのが、『ザ・シークレット』でした。『ザ・シークレット』というベストセラーの存在は、前から書店で見かけて知っていました。でも一度も手にとったことはありませんでした。自己啓発の本も一、二冊読んだことがある程度で、特に興味はありませんでした。

ところが勧められて読んでみると、ものすごく面白いのです。あっというまに夢中になりました。そして、もっとこういう本が読みたい、人間や地球、宇宙の真実をもっと知りたいという思いが募り、帰国後も次々に読むようになりました。

『ザ・シークレット』は、文章のところどころに人の会話がやや唐突に入ってくるなど、ちょっと独特な構成で編集されていて、初めは読みづらさも感じました。

あとになって、それはこの本が映画をもとに作られているからだと知りました。映画の名前も『ザ・シークレット』。今はＤＶＤも発売されています。


この本のテーマは「引き寄せの法則」です。

「引き寄せの法則」という言葉は『ザ・シークレット』で初めて知りましたが、その内容は、私にはちっとも違和感のないものでした。むしろ「やっぱりそうだったのか」と、すとんと腑に落ちるような感覚でした。

私はずいぶん前から、「願い事は口に出せば叶う」ということを信念にしてきました。おそらく無意識のうちに、自分なりに「引き寄せの法則」を見出し、実践していたのだと思います。

もちろん『ザ・シークレット』を読んで初めて知ったことも多かったし、その後に読んだ「引き寄せの法則」関連のさまざまな本も、目からウロコの連続でした。

私が見たスピリット

こうしてスピリチュアルな世界への探究が始まった私。

でも、そういう目には見えない神秘的な世界があることを、私は子どもの頃から自然に受けとめていたようにも思います。わざわざ本を読んだりはしなかったけれど、決して頭から否定するようなアンチ派ではありませんでした。

なにしろ私自身や家族が、スピリチュアルな体験をよくするタイプなのです。人のそういう体験を聞くのも好き。いつも興味津々で聞いています。

特に母は霊感がとても強く、子どもだった私たちに「ママとパパは、夕べＵＦＯを見たのよ」なんて、ごく自然に語るような人でした。母が若いときには、友人が亡くなったその夜に霊になって訪ねてきたこともあったそうです。

妹のアンジェリカもけっこう霊感が強いし、兄も、祖父が亡くなった瞬間に、自分の部屋で祖父の霊を見たという経験の持ち主です。

私自身も、いくつものスピリチュアル体験をしています。福井にいた子ども時代から、たびたび不思議なことがありました。

以前住んでいた東京の家にも「おじさんの霊」がいて、気配をよく感じました。

ある晩、私はリビングでテレビを観ていました。母はまだ外出中で、家には私一人でした。そろそろ寝ようと思って自分の部屋に向かうと、電気は消えているのに、なぜかドアが開いていました。部屋に入ると、私のベッドの上に四、五十歳ぐらいの知らないおじさんが座っています。一瞬ぎょっとしましたが、怖さを感じなかったのは、きっと悪い霊ではなかったせいでしょう。ただ単にそこにいるという感じでした。邪魔をしないようにと、母が帰ってくるまで私はまたリビングに戻って過ごしました。

おじさんの霊の姿をはっきり見たのはそのときだけ。でもその後も何度か気配を感じました。あの家に、もしかすると住み着いていたのかもしれません。

私が霊を見る日というのは、たまにしかありません。でもそういう日は、自分自身で朝からわかります。起きたときから妙にざわざわとした感じがするからです。感覚が研ぎ澄まされているというか、開かれているというか、アンテナが立っている感じがして、「今日は絶対に見るな」という変な確信を覚えるのです。

夜に見ることがほとんどですが、昼間、道で見たこともあります。それも、かなりはっきりと見ました。

木の下に、男の子が座っていたのです。一瞬、ふつうの生きている子どもかと思いましたが、明らかに時代が違う雰囲気で、私の直感では戦時中の子どものようでした。服はぼろぼろで、キャップみたいな帽子をかぶり、三角座りをして、がくんとうなだれていました。時代が変わったことに気づかず、いまだにこの世をさまよう、かわいそうな霊だったのかもしれません。

宇宙人と天使たち

きわめつきは、宇宙人の幽霊を見たときです。

宇宙人の幽霊というのは、私がそう決めつけているだけ。でも見た目はまさに宇宙人で、しかも、いかにも幽霊といった雰囲気でした。

その日も朝から、「今日は絶対に見そう」という、何ともいえないぞくぞくとした感じがありました。でも何事もないまま夜になり、ああ、一日が無事に終わった、やっと眠れると思ってベッドに入った途端、金縛りに遭ったのです。私は体が疲れているときもたまに金縛りになるので、今日もそれだといいなと思いましたが、明らかに違う感じでした。

そしてすぐに「存在」を感じました。おじさんの霊を見たときと違い、このときは怖くて怖くて目を開けられませんでした。でもそのうちになぜか怖いもの見たさが勝ち、目を開けてあたりを見まわしたのです。

部屋のドアのほうに、宇宙人みたいな人が立っていました。なぜ宇宙人だと思ったかというと、顔が小さく、首が長くて、目が異様に大きかったからです。人間とはかけ離れた姿でしたが、なぜか女性だという直感がしました。

やがて彼女がすーっと私のほうへ向かって来ました。あまりの怖さに、反射的にぎゅっと目を閉じました。その直後、金縛りとはまた違う感じの息苦しさが、私を襲いました。胸のあたりがひどく重くなったのです。

「助けて！」

もはや限界かと思ったときに、私の耳元で音がしました。

「ピーピピッピピピピーピピーピーッ！」

モールス信号みたいな音でした。彼女からのメッセージだったのでしょうか。あいにく私には、何が言いたいのかわかりませんでした。

人にこの話をすると、モールス信号のところで決まって笑いが起こります。自分自身、「大丈夫かな、私」と思うようなエピソードです。

私が今一番見たいのは、天使です。天使はいると信じているし、天使と交信できる知り合いを通じてメッセージをもらうこともあります。気配はたまに感じますが、見たことはまだありません。

あるとき、電気を消して寝ようとしたときに、金色の粉みたいなものがキラキラキラッと、空中にふりまかれている光景を見たことがあります。まるでティンカーベルが通ったあとのようでした。目には見えなくても、天使はいつでもまわりにいるのかもしれないなあ、と素直に思えるくらい、夢のようにきれいなビジョンでした。

九十八パーセントは見えていない

『宇宙にお願いする方法』などの著作があるピエール・フランクは、「目に見えるものしか信じません」と語る人を、私はかわいそうに思うと本に書いています。なぜかというと、人間の私たちに見えているもの、つまり、光のスペクトルによって私たちが見ているものは、実際に存在するもののたった二パーセントにしかすぎないからだそうです。

人間は、それでもほかの動物たちに比べれば、よく見えているほうだそうです。たとえば猫には、色も見分けられず、遠近もわかりません。その点、人間はすごくよく見えているし、人間の五感の中でも視覚はもっとも研ぎ澄まされているそうです。

そんな私たちにも、この世の中のたった二パーセントしか見えてないというのだから驚きです。確かに、紫外線も、エネルギーも見えません。細かいホコリすら見えません。

見えていないものが、九十八パーセントもある。それなのに「目に見えるものしか信じない」というのは、あまりにも頑なな姿勢ではないかと、ピエールは言います。

もっと見えていたら、人間の思考のエネルギーがどういうふうに動いて、外の世界にどう働きかけているのかなども見えるようになるし、思考が現実化するプロセスも見えるようになるらしいのです。

現にそういったエネルギーを見ることのできる人はいるようです。私には全然見えませんが、目に見えないものに対して、少なくとも心を開いていようとは、いつも思っています。

〔4〕たましいのルーツを知りたくて

前世療法を受けに行く

あるとき私はブライアン・ワイスの『前世療法』という本に出会いました。精神科医で催眠療法士である著者が、クライアントの意識が催眠状態のまま前世にまで戻っていき、自らの心のトラウマを癒していく様子を書いた本で、九〇年代にベストセラーになったようです。

読んでみてとても興味を引かれ、私もぜひ受けてみたいと思いました。そしてふと、ずいぶん前に、あるカメラマンさんが「もし興味があれば」と催眠療法士の電話番号を教えてくれたことを思い出しました。そのメモを探し出し、私はさっそく予約をとりました。

催眠療法というのは、基本的に心理学を学んだ人しか施術してはいけないそうです。私が受けた先生も女性の心理学者で、一般の心理カウンセリングを含めたさまざまなメニューの中で、前世療法もやっているという人でした。ただ、天然石を持ってセッションしていたあたりを見ると、少しサイキックな素養もありそうでした。やはり前世を見るときには、霊感のようなものを少なからず使うのかもしれません。

受ける前は、「私にも見えるだろうか」という不安がちょっぴりありました。その先生いわく、前世が見えないクライアントというのもたまにいて、それは怖がりな人と、ビジュアライゼーションができない人なのだとか。

怖がりな人は、催眠術にかかるのがまず怖いし、どんな前世が見えるのかにも警戒してしまう。心を開いていないから見えないのだそうです。もうひとつはビジュアライゼーション、つまり映像で想像することができないタイプで、そういう人たちにも前世は見えないそうです。


この日、私には一つの前世が見えました。人には無数の前世があるといわれています。そのうち、前世療法によって見えるのは、そのときの自分にもっとも必要なメッセージを持つ前世だそうです。実際、このときの催眠で私が見た前世は、今の私にたくさんのヒントをくれました。

催眠状態に入る前に、まず先生から、催眠術とはどういうものかの説明がありました。まず深い催眠状態に一度入り、それからしばらくの休憩のあと、やや浅い催眠状態下で前世への旅に出ます。なぜ浅い催眠か、というと、前世のビジョンを見ている間も先生と私は会話をする必要があるので、そのために少し意識を残さないといけないからだそうです。

その浅い催眠に入ると、「これから三つ数えると、あなたは前世に戻ります」と先生が言いました。

正直なところ、本当に見えるのかどうか直前まで不安だった私も、先生の「三、二、一」という合図で、意識が瞬時に別の次元に飛びました。

見えたのは、私がふだん頭で想像して描くような映像ではまったくありませんでした。不思議としか言いようがないのですが、一度も見たことのない光景が、圧倒的な現実感をもって目の前に広がったのです。映画でも作れそうなくらい、細部まではっきりと見えました。

砂漠で送った激動の人生

先生はまず、「あなたは女性ですか、男性ですか」と聞きました。今とは違う性の前世が出てくる場合もあるそうです。このときの私は女性で、ちょうど今の私ぐらいの歳のようでした。

次の質問は「足元を見てください。裸足ですか、靴ですか」で、足元を見ると裸足でした。履いているものでだいたいの時代がわかるそうです。靴がないということは相当な昔です。

次に「どんなものを着ていますか」と聞かれました。私が身にまとっていたのはただの白い布で、きちんと縫製された服ではなさそうでした。

そうして一つひとつを見ていくと、私に見えたのは通貨もないような大昔で、自分は砂漠に住んでいるようだということも、だんだんわかってきました。私はネイティブアメリカンみたいな姿をしていて、真っ黒な髪にポカホンタスのような飾りをつけていました。

今度は「では、夕ご飯の時間に行ってください」という指示がありました。これも定番の質問だそうです。夕ご飯の風景を見れば、そのときの家族構成がわかるという説明には納得です。私のまわりには何人かの家族がいて、住んでいる家は、ドアもないような、土でできた家でした。

先生は時々、同じ人生の別の年齢に飛ぶよう、私に指示しました。最初に見えたのは今と同じ二十代半ばの私でしたが、次に見たのは十歳の私でした。そのあと三歳にさかのぼり、その後三十歳ぐらいに戻って、最後に、四十か五十歳で死ぬ場面を見ました。

私が見た前世は、音声はなく映像だけで、自分が何語を話しているのかなどはわかりませんでした。ただ、三歳の自分に戻ったときには、自分自身の泣き声を聞いた気がしました。

人によっては当時の会話がはっきり聞こえ、たとえばアメリカ人の方が、まったく知らないフランス語をいきなり話し出すようなこともあるそうです。

十歳のときの私のまわりには、今の家族など、知っている人が何人かいました。でもほとんどは知らない人でした。

三十歳の私は、もう結婚していて、女の赤ちゃんを抱いていました。顔を見た瞬間にその赤ちゃんの名前がわかったのは不思議でした。

そのあとの私の人生は波瀾万丈続きだったようで、何かの事情で、私の赤ちゃんが悪い人たちに狙われているのがわかりました。かなり危険な目にも遭ったようです。何とか乗り越えられたものの、同じところには住み続けられなくなり、私たち家族は旅を始めたようでした。

前世療法の一番の目的は、どのように死んだかを見ることだといいます。

死ぬ場面に行くとき、先生が、「今から死ぬ場面に行きます。何があるかはわかりません。戦場で亡くなる人もいるし、殺される人もいます。でも何があってもあなたは痛みを感じないし、悲しいという気持ちも感じません。大丈夫ですよ」と優しく念を押され、「三、二、一」の合図でそのときに飛びました。

四十か五十歳で死んでいく自分が見えました。病気とかではなく、自然な感じの死でした。大昔ですから、人間は四十代ぐらいで老衰を迎えて死んでいたのでしょう。夫はそのときにはすでに亡くなっていたようです。

赤ちゃんだった女の子は、このとき十八歳ぐらい。びっくりするぐらい身長が高く、足も長い、とてもきれいな娘になっていました。

私と娘がどんな会話をしているのかは全然わかりませんでした。でも私の思いは、ありありと感じられました。

痛切に感じていたのは、まだ大人にならないわが子を遺して逝かなければならないことへの悲しみでした。そういう思いのまま、私のたましいはこの世を去っていったのでした。

時空を超えたメッセージ

セッションの最後に、「死んだ自分に、今の自分へのアドバイスを聞く」という作業をしました。前世療法のまとめの段階で必ずすることのようです。

その後、死んだ自分のたましいが光の中にとけこんでいくのを見届けました。

世の中には理由のわからない症状に悩まされている人がよくいます。それが前世のトラウマから来ている場合、その前世のたましいが光に返るのを見届けることで、トラウマが解消されることもあるそうです。

たとえば、なぜか水が怖くてたまらない人は、前世で水死したのかもしれません。疲れると首がすぐに痛くなる人は、背後から首を刺されて亡くなったのかもしれません。人間関係の不調和に、前世が関係していることもあるそうです。たとえばすごく愛し合っていながらけんかが多いカップルなどは、昔、殺し合った仲だったということがあるそうです。

前世療法というのは、催眠術によって過去に戻り、自分でも気づかなかったトラウマの原因を見つける作業です。一度しっかり認識して受けとめると、人間はどんな過去も手放せるものです。だから、前世療法を受けて以来、首の痛みが治ったとか、恋人とうまくいくようになったという話は、実際よくあることのようです。


私が前世の自分からもらったアドバイスは、「あなたはすごくがんばっています。とてもいい母親ですよ」ということでした。死ぬときに感じた後悔、娘に対する申し訳のなさが、この言葉で癒されていきました。

まだ子どもを産んでいない今の私が、このようなメッセージをもらうのは、不思議といえば不思議です。もしかすると将来、母親になったときに、必要になるメッセージなのかもしれません。

でも、現在の私にも強く響くものがありました。それもそうでしょう、前世療法では、今の自分に必要なものしか出てこないのです。

自分で言うのは変ですが、私には、ついがんばりすぎてしまうところがあります。責任感が強すぎるのかもしれません。私は他人にも厳しいけれど、自分自身にはその倍、厳しいのです。知らず知らずに、つねに自分を責めているようなところもありそうです。私の中ではそれが当たり前になっていて、自覚さえしていません。

だから「もう十分がんばっているのだから、そんなに自分を責めないで。肩の力をもっと抜いてごらんなさい」というメッセージだったのかもしれません。

ほかにもいろいろな気づきがあり、一つひとつが腑に落ちるものでした。

前世療法は、本当に受けてよかったです。私はすでに、まわりのみんなに勧めています。スピリチュアルを信じる、信じないにかかわらず、どんな人も一度は受けてみるといいと思います。日本にはカウンセリングがまだ定着していません。まして前世療法というと「え?」という反応を示す人が多いでしょう。

でも、実際に受けた私の感想を言うと、本当にすばらしい体験でした。人間の生死に対する意識もすごく変わりました。肉体は滅びても、たましいは永遠に続く。そのことを身をもって理解できたのです。そして、だからこそ今の人生を精いっぱい生きようと思いました。

本によると、トラウマのようなものがある人は、前世療法を何度も受けることによってそのトラウマから解放されることもあるそうです。私には特にトラウマはありませんが、できればまた受けてみたい。日々忙しくて、まだその一度しか行けていないのが残念です。二度目のセッションを今から楽しみにしています。

縁のある人はみんなソウルメイト

前世療法で見たもの以外にも、私にはたくさんの前世があるのでしょう。そのつどいろいろな人と出会い、家族となったり、恋人となったり、親友となったり、ときには敵となったりもしたはずです。

いいも悪いも、そういう縁のあったすべての人が、ソウルメイトなのだと思います。今、身近にいる人はみんな、私のソウルメイトだと信じています。

特に「この人とは前世で一緒だったんだろうな」と思えるのは、たとえば、ほんのたまにしか会わなくても、会えばまったくブランクを感じさせないくらい意気投合できる友だち。そういう相手は、決まって向こうも同じように感じてくれています。

自分でも不思議になるくらい、何でもオープンに話せてしまう相手とも、きっと深いつながりが過去にあったんだろうなと思います。そういう人と一緒にいると、お互いのスピリットが喜び合っているような高揚感をおぼえます。エネルギーが共鳴し合っている感じです。

逆に、しょっちゅう顔を合わせていても、何かすき間を感じてしまう、そんな相手もいます。好きではあっても、スピリットのレベルで喜んでいる感じまではしない。そういう人とは、お互いのたましいの縁が、まだ薄いのかもしれません。

それでも今回出会ったということに、何か意味があるのでしょう。一緒に磨き合うソウルメイトとして、ご縁を大切にしたいと思います。

「アセンション」に向けて

二〇一二年の年末は、いよいよ「アセンション」。スピリチュアルな世界では、いったいどんなことが起こるのか、さまざまな説が出ている、と前にも書きました。地球に大異変が起こるとか、人口が激減するとか、宇宙船が迎えに来るとか。

繰り返しますが、私自身は、そういう大きなことは何も起きないと思っています。いきなり何かが起こって地球がガラッと変わるというより、今このときも少しずつ変化していて、その時期にいよいよはっきり見えてくる。そんなイメージを持っています。

すでに書いたように、たとえばスピリチュアルな感覚が開かれた人たちが増えているというのも、すでに起き始めている変化だと思います。開かれた状態を、私自身の造語で「ピコる」と呼んでいますが、「ピコ」った人は、現に私のまわりだけでも、どんどん増えているのです。

よく言われているように、人類は「アセンション」以降、五次元で生きる人と三次元で生きる人に分かれていくのだと、私も考えています。

このまま三次元の物質世界で生き続ける人もいるでしょう。でも、五次元の世界で生き始める人も何割かはいて、その人たちの間では、コミュニケーションのしかたもおそらく変わっていく。やがてはテレパシーみたいな能力も、ふつうに使えるようになるのではないかと思います。

日本でスピリチュアルなことが急速に広まったのは二〇〇〇年以降だそうです。アメリカではもっと早かったけれど、日本は十年前までは、スピリチュアルなど、どこかマニアックであやしい世界とされていたようです。

もちろん今でも、まったく受けつけない人はたくさんいます。でも私が目覚めた二〇〇八年には、スピリチュアル関係の本が、書店にもふつうにたくさん並んでいましたし、テレビや雑誌ではスピリチュアル・カウンセラーたちが活躍していました。

二十一世紀に入ってから急に広まった理由は、よくわからないけれど、やはり「アセンション」に向けての自然な動きなのではないでしょうか。

もうひとつ考えられる理由を、誰かが話していました。

日本人には今、うつになったり、精神的に行きづまったりしている人がとても多い。だから、スピリチュアルや、「引き寄せ」の本が求められているのではないかというのです。そういう面も、確かにありそうな気がします。

私のスピリチュアルとのつき合い方

私は、自分がいいと思うこと、正しいと思っていることを、誰に対しても臆せず話してしまうタイプです。スピリチュアルや「引き寄せ」について語ることにもまったく抵抗がありません。

ところが、私がいろいろなメディアでそういう話をしようとすると、「やめておいたほうがいい」と止める人たちが、少なからずいます。特に年上の大人たちが、「公の場でそういうことを言わないほうがいいよ」とアドバイスしてくれたりします。

ですが、最近テレビなどで、心霊特集や、前世療法の実況中継なんかをよくやっているし、霊能力者の方もよく出ています。

そもそも、人間は本来みんなスピリチュアルだし、私自身ももちろんスピリチュアル。スピリチュアルというのは、よく誤解されているけれど、宗教とは全然関係のない、人の生き方、本質、真実みたいなものだと思うのです。

社会のトップで活躍している人には、スピリチュアルな世界に関心を持ち、スピリチュアルな価値観を持っている人が、実はたくさんいると聞きます。スピリチュアルな生き方を自然に実践している人も、私が知るだけでもけっこういます。だからこそ、その人たちには「引き寄せ」の力が強く働き、世の中のために大きなことができているのではないでしょうか。

私は、スピリチュアル好きを公言することを、気にしていません。

スピリチュアル好きを公言すると誤解を受けやすいというのは、特に若い女の子たちの中に、スピリチュアルにすっかり依存してしまっている人たちがいるからではないでしょうか。自分で考えることまで放棄して、スピリチュアルにはまってしまっている人は、確かにいるかもしれません。

私の場合は、自分の意見は昔から持っていたし、相手にも臆することなく言ってきました。だからスピリチュアルとも、ほどよい距離を保てている確信があります。

もちろんそんな私にも、日々迷いがないわけではありません。霊能力や透視能力でその人の心や過去・未来のビジョンを読み取る、いわゆるリーディングができる人にアドバイスを受けに行ったり、雑誌の占いをチェックしたりするのは、決まって何かに悩んでいるとき、行きづまっているときです。

でも、リーディングを受けると、悩みを話すだけで気持ちが軽くなったり、話しながら自分で気持ちが整理できたりする。その点は一般の心理カウンセリングと同じなのです。

私のリーディングとのつき合い方は、言われたことのいいところだけをとり入れ、自分の考えを補強していくというものです。自分のパワーが弱まっているときに、ポジティブなパワーを補充しに行く感じです。だからネガティブなことを言う人のところには行きません。

占いも、今月がいい月なら嬉しいし、今月がよくないなら、来月はよくなるから嬉しい、そういう読み方をしています。

リーディングができる人や、前世療法の先生のような方に会うと、一緒にいる時間の中で、私自身のスピリチュアルな感性もいっとき開かれた状態になる気がします。その感覚もすごく心地よくて好きです。

毎日仕事に追われていると、どうしても頭も心も現実的になりすぎて、感性が閉じていってしまいます。だからこそ、ときには自分の感性を開き、スピリチュアルなパワーを再確認するための時間を、私は大切にしたいのです。

第三章

引き寄せの法則

～すべての人が持つポジティブな力

1 「引き寄せの法則」とは

「引き寄せノート」が持つ力

「引き寄せの法則」というのは、私たちの思考や感情に常に働いている法則です。

その内容は、「人間の思考や感情は、ポジティブなものであれ、ネガティブなものであれ、同じエネルギーを持つものを磁石のように引き寄せ、その人自身の実際の経験を作っている」というものです。

カプリ島で『ザ・シークレット』を読んでから、私はいつもこの法則を意識し、望むものを次々に引き寄せてきました。細かいことから大きなことまでたくさん引き寄せてきたと思います。

特に仕事に関しては、「いつかはやりたい」と思っていたものの七割以上を実現させることができました。望んでから時間のかかったものもあれば、すぐにできたものもあります。でも七割以上が叶ったということは、残りの三割についても、今は引き寄せ中で、いつかはできると信じているのです。

「引き寄せの法則」を日ごろから強く意識しておくために、私は「引き寄せノート」を書いています。

使っているのは、ごくふつうのノートです。一ページめには、「このノートに書いたことはすべて現実に起こる」と書きました。最初にそう自分で決めたのです。だからネガティブなこと、中途半端なことは絶対に書きません。ポジティブなこと、引き寄せたいことだけを書いています。

二ページめからは、引き寄せたいことを短いセンテンスで箇条書きにしています。この種のノートは人によっていろいろな書き方があり、ストーリーにして書く人もいるようですが、私は簡潔に書くほうが好きです。

ポイントは、現在形、または完了形で書くということです。

思ったとおりのことが現実になるというのがこの法則ですから、「○○の仕事をしたい」と書いたのでは、いつまでたっても「○○の仕事をしたい」という状況しか引き寄せられません。「○○の仕事をする」という現在形か、「○○の仕事をもらえた」という完了形で書いてこそ、そのとおりの現実が来るのです。

私は「引き寄せノート」を書けば書くほど、引き寄せの力が強まり、現実化していくのを実感しています。たまに過去のページを読み返し、「あっ、これも引き寄せた」「こっちも引き寄せた」とチェックするのは、とても楽しい時間です。このノートに書いたことは、ほとんど引き寄せてきたと言っていいかもしれません。

「引き寄せノート」とは別に、私は「ビジョン・ボード」も作って部屋に飾っています。

「ビジョン・ボード」というのは、自分が叶えたいイメージの写真などを雑誌の切り抜きなどから集め、コルクボードにはっていくというもので、これも一種の「引き寄せ」のツールだといえるでしょう。「引き寄せノート」が文章中心なのに対し、こちらはビジュアルで、望むイメージを自分の意識に定着させるアイテムです。

「ビジョン・ボード」を作ったり眺めたりするのも、ワクワクする楽しい時間です。

書くこと、読み返すことで効果は高まる

「引き寄せノート」を書き続けていて思うのは、「書く」という行為には、ものすごいパワーがあるということです。

「引き寄せの法則」は、頭で思ったこと・考えたことがすべて現実になるとしています。では頭

の中でだけ思っていればいいのかというと、それはそのとおりなのですが、書くことによって、思いがさらにパワーアップするような気がするのです。書くという作業には、おそらく潜在意識により深く浸透させる力があるのだと思います。

潜在意識にしっかり入り込んでいないと、「こうする」「こうなる」というポジティブな思いは、「そんなことやっぱり無理なんじゃないか」という理性にしばしば負けてしまいがちです。そこをうまくプログラミングしたいとき、書く行為は力を発揮するのです。

私の場合、箇条書きにしている項目の中に、ほんの少しでも、われながら「これはちょっと……」と違和感をおぼえるものがあれば、違和感が完全になくなるまで、引き寄せたい内容をくり返しくり返し、時にはページを埋めつくすまで、書くようにしています。

たとえばある人が、「今年中に十キロやせる」と決め、ノートにも書いたとしましょう。でもその人自身が、「でもそんなのできっこない」という違和感を一瞬でもおぼえるうちは、「十キロやせる」という現実は引き寄せられません。「引き寄せの法則」が働かなくなるわけではありません。その人が思ったままの「十キロやせるなんてできっこない」という現実が、そのまま引き寄せられるのです。

そういうときは、「そんなの無理」という気持ちが完全になくなるまで、「十キロやせる」という文字を何度も何度も書き続けるといいのです。

「引き寄せノート」に書いたことを自分の潜在意識に定着させ続けるために、私は時々ノートを読み返しています。「顕在意識」というのは、通常私たちが頭で普通に認知している（自分でも明確に把握している）意識です。もうひとつの「潜在意識」――それは、自分で普段把握できていなくても、実はどこか深いところに確実に存在する意識で、特別な状況下でその正体を現したり力を発揮したりします。その深い意識の部分に、ノートに書くこと・読み返すことですり込みをするのが目的です。

読み返すのは、朝起きたときと、夜寝る前です。忙しくてなかなか毎日とはいきませんが、できるだけ忘れないようにしています。

寝る前に読むといいのは、「引き寄せの法則」は睡眠中も働いているからです。睡眠中は私たちの顕在意識も休んでいる状態ですから、潜在意識のほうが活発に働いています。ですから、その時間を有効活用しない手はありません。

朝は、意識が目覚めたばかりの時間。その朝一番の意識に入れることも、とても大切です。だから私は、朝もできるだけ声に出して読み返しています。それをすると一日が全然違います。朝自分が唱えた言葉が、日中何度も頭をよぎり、「よし、やるぞ」という気持ちがまた新たに湧いてくるのです。

「感謝のノート」で気づけたこと

「引き寄せノート」とは別に、最近は「感謝のノート」も書き始めました。書いたり読み返したりするのは、「引き寄せノート」と同じで、朝起きたときと、夜寝る前です。

私は最新のテクノロジーを駆使するのが好きなタイプですが、それでもこういうことは紙に書くのが一番いいと思います。たぶん紙が好きなのでしょう。本が大好きなように、ノートも子どもの頃から大好きなのです。

「感謝のノート」は、ロンドンで買ってきました。ロンドンにはスピリチュアルなグッズを扱うお店や、アストロロジー・ショップがあり、ノートを買ったのもそういうお店でした。『ザ・シークレット』の関連グッズのコーナーに、この「感謝のノート」があったのです。

使い方の説明も、「こう唱えながら書きましょう」というふうに、親切に示されています。とてもお勧めですが、手に入らない場合は、ふつうのノートでもちろん十分だと思います。

左開きのノートなら、左ページには、今、自分の身のまわりにある感謝すべきことをすべて箇条書きで書き出します。その日のことだけでなく、過去のことも含めた、思いつくことのすべてです。

右ページには、まったく同じ調子で、これから起きてほしいことに対する感謝の気持ちを、まるですでにそれを手にしているかのような気持ちで書きます。すると、まだ実現していないことも、もう実現しているかのように思えてくるから不思議です。そう感じることによって「引き寄せの法則」も働きやすくなります。

「こうなったら、これもあれも引き寄せよう」と、まるで宇宙のカタログを見て注文しているような気分になるので、だんだん面白くなってきます。

「感謝のノート」を書き始めてから、私の考え方や意識はかなり変わってきました。

ノートの左ページ一面に、今、身のまわりにあることから感謝すべきことを探して書き出すというのは、はじめはけっこう大変な作業です。それでも「あれはどうかな、これはどうかな」と注意深くふり返っていくと、「あのときは嬉しかった」「これもあの人のおかげだ」ということが次々に浮かんできて、自分がどんなに恵まれているかを改めて思い知らされます。

それでも一ページは埋め尽くせないというときは、さらに視点を広げ、大きなことだけでなく小さなことにも注目してみます。すると今度は、逆に、ありすぎて書ききれないほどだということに気づきます。

私にも、「感謝のノート」を書き始めたからこそ気づけた、感謝すべきことがたくさんあります。自分がどんなに恵まれ、どんなに幸せで、どんなに愛されてきたか、そしてそうしたことを、どれほどふだん当たり前に思っていたかも思い知りました。ですから「感謝のノート」にも「ありがとう」と言いたい気持ちです。

小さなことにも感謝しながら生きるというのは、とてもすてきなことです。ふだん忘れがちな「宝」を意識して過ごすのは、幸せに生きる秘訣ではないでしょうか。

「引き寄せ」仲間とのスピリチュアルな一日

「引き寄せの法則」を自分の人生に一二〇パーセント生かすには、一緒にやるパートナーや仲間の存在も大切です。「引き寄せ」に関する何冊もの本に、そういう人が必要だと書かれています。

私にもそういう友だちがいますし、一人でやっていたのでは、きっと難しかったと思います。

『ザ・キー』の著者、ジョー・ヴィターレも書いています。自己啓発の世界で「コーチ」と呼ばれるような人たちでさえ、不安になったり希望を見失いかけたりして「ああ、自分はもうだめかもしれない」と思う瞬間があると。そういうときは、彼らもコーチ仲間やヒーラーたちに連絡し、ポジティブなエネルギーを送ってもらったり、励ましの言葉をもらったりしているそうです。

私は、「引き寄せの法則」を私と同じようにふだんから意識している友だちと時々集まり、「最近こんなことを引き寄せたよ」などと報告し合っています。お互いに何がほしいのかよくわかっているので、「えーっ、すごい！　よかったね」、「また引き寄せたんだね」と喜び合っています。

この仲間とは、「今日はスピリチュアルな日にしよう」と決める、ちょっとした遊びのようなこともします。その日は一日中スピリチュアルな感覚を研ぎ澄ませてすごし、何をするにもインスピレーションのまま動くのです。

たとえば、ランチはこの店へ行こう、あの店に洋服を見に行こうといったことを一切決めず、とにかく街に出て歩き始めます。そしてインスピレーションで惹かれたところに入るのです。インスピレーションというものは、得ようと思っているとちゃんと降りてくるから不思議です。

このように、こちらから意識的に求めるインスピレーション以外にも、宇宙はたえず、私たちに必要なメッセージを送ってくれています。はっきりと言葉で送ってくるわけではありません。私たちがふと目にするもの、耳にするもの、ふと感じるひらめきに、絶妙なやり方で託してくれるのです。

「スピリチュアルな日」には、心を研ぎ澄ませて、それらもすべて受けとめるよう努めます。どんな小さなインスピレーションも、「今日は逃さずに受けとめよう」と心に決めれば、ちゃんと目や耳に入ってくることがよくわかります。

私たちはふだん忙しく過ごしていて、こうしたインスピレーションが降りてきても、けっこう無視してしまっているのではないでしょうか。でも本当は、私たち自身、どんなに忙しくても、そういうものはぱっと目につき、心のどこかに引っかかります。それでもつい現実に気をとられて無視してしまい、あとになって「ああ、あれはそういうことだったんだな」とわかるのです。わかったときには遅いという場合も少なくありません。

そういうことのないよう、できるだけ直感を研ぎ澄ませ、あらゆるインスピレーションをとりこぼさない「スピリチュアルな日」は、私たちにとって気づきに満ちた、とても面白く有意義な一日です。

ゲーム感覚で楽しむことも

友だちの中には、テレパシーを使う訓練をしている人もいます。その友だちにはもともとそういう素質があったのか、「トレーニングすればできるようになるよ」と、ある人に言われたそうです。

どうやってトレーニングしているのかはわかりませんが、彼女は時々、いきなり私にメールを送ってきます。メールには「ジェシカは今、○○を着て、○○を飲んで、○○について考えているでしょう」というようなことが書いてあり、驚くことに、ほぼ九割が当たっています。はじめに言ったことが当たっていないときも、次に言うことが当たるのです。

たとえば先日は「パンケーキを食べているでしょう」というメール。「食べていないよ」と答えると、「ああ、ごめん、バナナだった」と彼女。そのとき私は朝食の最中で、シリアルの中に、まさにバナナを切って入れているところでした。

私にはそこまでの能力はないと思いますが、「引き寄せ」の力はますます上がってきているように感じるので、それをちょっと試してみようと、あるときゲーム感覚で、こんな実験をしてみました。

友だちの中から一人を選び、「私は今、○○ちゃんから電話をもらう」と決めたのです。心の中でもそう思ったし、紙にも書きました。

そのうちに私はだんだん眠くなってきて、十分ぐらい寝てしまおうとベッドに横になりました。電話が来たらすぐに出られるよう、手には携帯電話を握りしめていました。

その日は夕方から用事があり、もしそのまま眠ってしまっても、それに間に合うように起きなければならなかったので、アラームをセットしようとしました。でもそこで、はっと思い直しました。「いや、大丈夫。○○ちゃんからの電話で起こされるはずだから」と。

うとうとし始めてまもなく、携帯電話が鳴りました。起きて見ると別の人からで、電話ではなくメールでした。でも「あっ、すぐに電話が来る」と感じた瞬間、今度は本当に電話が来ました。○○ちゃんからでした。嬉しさと驚きで、思わず「どうして電話くれたの？」と聞いてしまいました。

「引き寄せ」も「スピリチュアル」も「テレパシー」も、私はこのように、友だちと楽しむ感覚でやっています。人生を楽しくするゲームのような意識でつき合うのが、一番いいと思っているのです。

そして、このときのような遊び半分の実験からも、「引き寄せの法則」への信頼はますます強まるばかりなのです。

「引き寄せ」のパワーはますます上昇中

もともと私は「引き寄せ」の力が強いほう。「ジェシカって引きが強いよね」と言われるようなタイプです。

「引き寄せの法則」という言葉を知る前から、私は自分なりに信じていました。「本当にほしいもの、やりたいこと、会いたい人がいたら、口に出して言っていればその願いは必ず叶う」ということを。これは子どもの頃からの信念だったと言っていいでしょう。

「私はこの仕事がしたい」、「○○さんに会いたい」といったことをまわりの人に言っていれば、聞いた人がまた誰かに「そういえばジェシカがこの前、こんなことを言っていた」と言ってくれ、その人がまたそれを誰かに話し、最終的には実現につながる。その確信は、昔から揺るぎなかったのです。

数年前にも、友だちに「私は今、こういう仕事がしたいのよね。それはこうで、こうなっていて……」と具体的に話したところ、その友だちは、「ジェシカは、ほしいものは必ず手に入れる人だから、絶対にいつかやると思うよ」と言ってくれました。そして実際にそういう仕事のチャンスが、私が思い描いていたとおりのかたちで舞い込んできたのです。

運がいいとか悪いとかいう問題ではなく、私の場合、確信しきっているから、実現しているのだと思います。

さらに私は、「引き寄せた」体験を現実に重ねてきたことで、ますます自信を得て、よりいっそう「引き寄せ」のパワーを強めてきたように感じています。

また、スピリチュアルなことに関心を持ち、人間の無限の可能性に目を開かされていることも、「引き寄せの法則」に対する確信を強めているのだと思います。

「引き寄せ」のパワーが強くなればなるほど、いいものばかりでなく、悪いものも引き寄せてしまうので、注意が必要になってきます。強力な磁石のように、ポジティブなこともネガティブなことも関係なく引き寄せるようになるのです。

たとえば、歴史に名を残すような偉人たちは、名声や栄華をきわめたかと思うと、どん底も経験するなど、振り幅が大きい人生を歩んでいます。また、人々が羨むような華やかな人生を送っている人は、妬みや嫉みも集めやすく、それでつまずくことも多いようです。

強いパワーを持つことにはそういう面もあり、それなりの覚悟が必要だということかもしれません。

私も最近「引き寄せ」の力が強くなっているだけに、なるべくいいものだけを引き寄せるよう、慎重にならなければと気を引きしめています。

一番気をつけているのは、やはりネガティブなことを考えないこと。今のパワーでネガティブなことを引き寄せてしまったら大変です。

もちろんまったくネガティブなことを考えないようにするのは難しく、「こうなったらどうしよう」、「こんなことが起きたらいやだな」と、私もつい考えてしまうことがあります。でも、ネガティブなことが頭をよぎってしまうのは、人間ならばしかたのないこと。大事なのはそのあとで、よぎっても、すぐ手放すことを心がけています。そして、ポジティブな思考で頭を埋め尽くすようにしています。

「引き寄せ」が強くなっているのを実感したら、ネガティブなエネルギーを断ち切るため、神社でお祓いを受けるのもいいと思います。

私は先日、生まれて初めて受けてきました。私のまわりにはお祓いを受けている方が多く、「そういえば私は一度も受けたことがない」と思ったのがきっかけです。

私はもともと神社が好きで、特に明治神宮へはよく行きます。お祓いも明治神宮で受けてきました。

明治神宮では毎日お祓いをやっているので、予約は特にいりませんでした。私が行ったのは平日の昼間だったからか、あまり混んでいませんでした。

儀式はおごそかで、巫女さんの舞もすごくきれいだったし、ネガティブなものが一切とり払われたようなすがすがしさが残りました。

前から気になってはいたけれど、忙しさに紛れ、厄年のときさえお祓いを受けなかった私。二十五歳にして初めて受け、「日本に生まれ育ったのに、どうして今まで受けなかったんだろう」と思ったほど、神聖な儀式に感じました。

2 「引き寄せの法則」は自分の鏡

日々の出来事は自分の鏡

「引き寄せの法則」は、日々起こるどんな出来事も、自分自身の中身の表れだと教えています。ポジティブな出来事があれば、自分の内面も今ポジティブだということだし、ネガティブな出来事が起きたときは、自分の内面も今ネガティブになっているということなのです。

このうちのネガティブなほうを認めるのは、なかなか難しいもの。つらい出来事、いやな出来事の原因が自分にあるなんて、誰だって認めたくありません。でもそれが「引き寄せの法則」の真実です。

このことを素直に受けとめられる人にとって、「引き寄せの法則」は、今の自分がどんな感情を抱いているかを教えてくれる「鏡」となります。

たとえば今の自分の感情がよくわかるのです。

いらいらしていれば、「いらいらしてはいけないよ」「いらいらしているとこうなってしまうよ」と思い知らされるようなことが起こるし、不安ばかり感じると、不安がさらに大きくなるような出来事を引き寄せてしまいます。

海外に出かけるたびに思うのは、日本人は自分の感情をなかなか表現しないということです。表現しないでいるうちに、自分の感情を感じなくなってしまっている人も多い気がします。

でも「引き寄せの法則」がもたらす現実に注意を向けていると、自分の中にこんな感情があったんだ、あんな感情もあるんだと気づくようになります。それを積み重ねていけば、だんだん自分の感情をきちんと受けとめながら生きられるようになり、表情までいきいきとしてくるのではないでしょうか。

それは人として、とてもいいことだと思うのです。

鏡に気づかないとトラブルが絶えない

よく、次々とトラブルに遭っているという人がいますが、それは、「ネガティブな出来事も、実は自分の内面が引き寄せている」という真実をわかっていない人ではないかと思います。

たとえば、自分自身のコンプレックスにふれるようなことを言われると、過剰に反応してしまう人がいます。そういう人には、とてもデリケートな、ふれられたくないボタンのようなものがあり、そこにたまたまふれてしまった相手を猛然と攻撃します。ほとんどの場合、相手には、まるで悪気がないのに、「なんてひどいことを言うんだろう」と被害者意識に陥ってしまうのです。

また、いつも怒りっぽくて笑顔の少ない人は、人から笑顔で接してもらえることもあまりないものです。それでもその本人は、「みんなつんつんしていていやだなあ」と思ってしまうのです。まず自分自身がそうなのだということに気づかずに。

自分の中に原因があり、外の景色は鏡にすぎないということに気づかない限り、そういう人には不満やトラブルが絶えないのではないかと思います。

自分自身をよく知っていることと、「引き寄せの法則」を理解していることは、そういう意味でもとても大事だなと思うのです。


私自身は、弱い部分も含めた自分自身のことを今はよくわかっているし、何事も自分が引き起こしているという法則も理解しています。だから、無駄に落ち込むことがなくなりました。落ち込むなんていうのは、今の私のポリシーに反しているのです。

もちろん今だって、落ち込みそうになることも、いらいらすることも、いやだなと思う出来事もあります。だから落ち込む人の気持ちはわからないわけではありません。でも同時に、自分自身の経験から、「人間はどんな落ち込みからも立ち直れる」ということもよくわかっています。

そんな私に言わせると、いつまでも落ち込んでいる人には、どこかに少し甘えがあると思います。何かを引き金に落ち込むのは、誰にでもありうること。でも、そこから長く落ち込むか、すぐ立ち直るかは、本人次第なのです。自分が変わらない限り、状況は変わりません。状況が変わるのを待っていてはだめなのです。

落ち込み続ける人の中には、好きで尾を引いている人というのも、いると思います。自分をドラマティックな悲劇のヒーロー、ヒロインに仕立て上げてしまうのです。

好きで選んでいるのならいいのかもしれませんが、「自分で選んでいる」ということには早く気づいてほしいし、気づいて切り替えられれば、ポジティブな現実を引き寄せられるようになることを、わかってもらえたらなと思います。


私がいつも「すごいなあ」と感心するのは、自分の失敗を笑える人です。自分がした失敗は、誰だって恥ずかしいものです。だから、ひどく落ち込んでしまったり、むすっとして隠そうとしたり、変に引きずってしまう人が大半でしょう。それを明るく笑い飛ばしてしまえるのは、よほど器の大きな人だと思うのです。

また、ふつうだったら怒ってしまうこと、いらいらしてしまうようなことを、笑い飛ばしてしまう人もいます。ポジティブな人ともいえるし、ある意味、鈍感な人なのかもしれません。あるいは、大きな苦難を経験したことで、大きな器になれた人なのかもしれません。

いずれにしても、そうできるのならその人たちの「勝ち」だし、楽しく生きるコツもそこにあると思うのです。

ネガティブな感情を受け容れる

ネガティブな現実は自分の鏡なのですから、それを引き起こしたネガティブな自分の感情を、ただやみくもに否定してもまったく意味はありません。これ以上ネガティブな現実を引き寄せないためにも、自分のネガティブな感情をいったん受け容れることが、とても大切だと思います。

ただ、ネガティブな感情はなかなか上手に受け容れられないもの。嬉しい気持ち、楽しい気持ち、幸せな気持ちは簡単に受け容れられるのに、ネガティブな感情は自分では認めたくないのです。

そこをあえて受け容れてみると、その後の心境がずいぶん違ってきます。

今、自分はものすごく悲しい。すごく腹が立っている。いらいらしている。寂しくてたまらない……。

そういう感情に対して、たとえばいらいらなら、「しょうがないよね、それはそうだよ、いらいらするよ、こんなシチュエーションだったら」と、自分で自分を許してあげるのです。いらいらしてしまった自分を、「ああ、いやだな」と否定するのではなく、「そう思ってもしかたないよ、ある意味、当然だよ」と思ってみる。するとその途端に、いらいらが消えてしまったりするから不思議です。

ネガティブな感情というのは、一時的にはごまかせます。「何があっても笑顔で乗り切ろう」、「ここはがんばってポジティブに考えよう」と、無理に蓋をすることはできます。

でも、いつかは必ず爆発してしまいます。無視したり放っておいたりすると、後でもっと大きく深刻な問題となって、目の前に表れてきてしまうのです。

だから、生まれてしまったネガティブな感情は、いったんきちんと自分の中で認めてあげたほうがいいのです。これは私自身の経験から最近よくわかったことです。

認めてあげるというのは、たとえば素直な気持ちを紙に書き出してもいいし、日記に書いてもいい。すると、とても楽になるはずです。「何であんなにいらいらしてたんだろう」と、自分でも不思議に思うくらいに。


ネガティブな出来事が起きたときは、自分もネガティブになっている。

ネガティブな出来事は自分自身が引き寄せている。

私自身はこのことを、難なく受け容れることができます。

子どもの頃から大人の社会で仕事をしてきた私は、今までに、おそらく同い年の人たちに比べ、たくさんの経験をしてきたと思います。悲しかったことも、悔しかったことも、とんでもないトラブルもありました。

そうした経験を通して、「すべての物事は、外に問題があるわけではなく、すべては自分の中の問題にすぎない」ということが、大人になってようやくわかってきたように思います。二年前に知った「引き寄せの法則」は、私のその理解をさらに裏づけてくれました。

こうなるまでには、もちろん長い時間がかかりました。十代や二十歳前後の頃には、そんなこと、とても理解できませんでした。

今でも忘れられないのは、二十歳をすぎた頃に受けた忠告です。仕事のことでいらいらしていた私に、年上の友人がこう言ったのです。

「いらいらしても、損するのは自分だけなんだよ」

「何を言うんだろう」と、そのとき私は反発を覚えました。彼女がそんなことを言う意味がわかりませんでした。というか、本当はわかるのだけれど、認めたくなかったのです。「だって、いらいらしているのは相手が悪いせいだもん！」という気持ちでした。

でも、実際は彼女の言うとおりなのです。自分が損をするだけ。いらいらをぶつけたところで、相手は痛くもかゆくもありません。少しはいやな気持ちがするかもしれないけれど、最終的に一番いやな思いをするのは自分なのです。

だから、相手にぶつけるよりも、自分をかえりみる鏡として受けとめたほうが、ずっと前向きだし、自分の成長につながるのです。

自分の現実は自分で変えられる

もう一つ知っておきたいのは、自分がどんな感情になるかは自分で選べるということです。

私の好きな言葉の一つに、こういうものがあります。

『感情というのは波のように押し寄せてくる。それを止めることはできないし、コントロールすることもできない。でも、その代わり、サーフィンをするときと同じように、波を選ぶことはできる。どの波に乗るかは自分で選べる』

確か英語で読んだと思いますが、そういう意味の言葉でした。

本当にそのとおりなのです。感情なんてコントロールできる人はいないし、コントロールできたら、それは感情ではありません。でも、さまざまに湧いてくる感情の中からどれかを選ぶのは自分です。サーフィンで波待ちをするときみたいに、たくさんの波の中から自分でどの波に乗るかを選べるのです。

だからわざわざネガティブな波ばかり選ぶこともないし、うっかり乗ってしまっても、長く乗り続ける必要はありません。波はその一つしかないわけではなく、ほかの波も後から後からやって来るのですから。

私たちは、たいていのことを自分で解決できるのです。今ある現実を変えることや、他人を変えることはできませんが、自分自身を変えることはできるし、自分が変わればすべてが変わります。これは確かなことです。

「人はみな自分自身の現実に責任がある」というのは、「引き寄せの法則」やハワイのホ・オポノポノ、そのほかのスピリチュアルな法則が共通して言っていることです。

「そんな責任は自分には重すぎる」と思う人もいるかもしれません。

でも、自分が現実を作っているということは、その現実をコントロールし、問題を解決できるのも自分だということ。

自分の人生は自分でクリエイトできるということ。

それってすごいことだな、と私は思うのです。

出会う他人は鏡になることも

どんな出来事も自分が引き寄せているのと同じように、自分が出会うどの人も、自分が引き寄せています。家族や恋人のように深い絆を持つ相手はもちろんのこと、今日ちょっと出会っただけの人も、自分自身の思い、感情が引き寄せているのです。

だから、人に対して「この人は何でこういうことをするんだろう」、「何でこういう性格なんだろう」と思ったときに、「自分の中にも、きっと同じものがあるんだな」と受けとめることは、大事な気づきをもたらします。

もちろん認めるのはすごく難しいし、抵抗を感じます。でも、だからこそすごく勉強になるのです。他人という「鏡」がない限り、私たちはなかなか自分の姿に気づきません。

人との間に何か問題が起きたときは、私は相手を責めるよりも、まず自分自身と向き合うようにしています。「この人は、私の内面を見せてくれるために出会った相手なんだ」と思ったときに、初めて見えてくる大事なものがあるからです。

マザー・テレサは、こんなすばらしい言葉を遺しています。

『人は不合理、非論理、利己的です
気にすることなく、人を愛しなさい

あなたが善を行うと、
利己的な目的でそれをしたと言われるでしょう
気にすることなく、善を行いなさい

目的を達しようとするとき、
邪魔立てする人に出会うでしょう
気にすることなく、やり遂げなさい

善い行いをしても、
おそらく次の日には忘れられるでしょう
気にすることなく、し続けなさい

あなたの正直さと誠実さとが、あなたを傷つけるでしょう
気にすることなく、正直で誠実であり続けなさい

あなたが作り上げたものが、壊されるでしょう
気にすることなく、作り続けなさい

助けた相手から、恩知らずの仕打ちを受けるでしょう

気にすることなく、助け続けなさい

あなたの中の最良のものを、この世界に与えなさい
たとえそれが十分でなくても
気にすることなく、最良のものをこの世界に与え続けなさい

最後に振り返ると、あなたにもわかるはず
結局は、全てあなたと内なる神との間のことなのです
あなたと他の人の間のことであったことは一度もなかったのです

〜あなたの中の最良のものを〜』

どんなことが起きても、それは自分の外にある現実や相手に問題があるせいではなく、すべては自分自身の中にある問題の表れだということです。「他人は鏡である」ということに通じる言葉です。

「他人は鏡」というのは心理学でも言われていて、私が読んだユングの本にも書いてありました。

たとえば私が、「○○さんってこういう性格だよね」と言ったとします。ところがそれを聞いた友だちは、「えっ、そんな人だったっけ?」という反応。その場合、○○さんの「こういう性格」は、私の中にはあるけど、友だちにはないのです。

逆もあります。私が気づいていない○○さんの一面を、ある人が指摘したときは、同じ面をその人は持っているけれど、私は持っていないのです。

要するに、他人の持つある一面は、自分の中にそれと同じものがあるときにだけ見えるのです。

このことは、短所だけでなく長所にもいえて、たとえば「あの人の優しさが好き」、「この人の仕事熱心さは尊敬できる」と感じたら、自分の中にもそれがあるということなのです。

だからこそ、人と接するときは、できるだけ人のいいところを見るのがいいと思います。いやな面が見えてしまったときも、その人のいい面を探すように努めるのです。

「感謝のノート」に書くのもいいでしょう。あの人のこういうところにすごく感謝している、この人のああいう性格はすごく好き、というふうに。

長所がすぐに見つからなくても、「探す」努力はする価値があります。

人の長所を認めることは、自分の長所を自分で認めることとイコールなのですから。

最近私は、人のいい面を見て、お互いを高め合えるような人間関係を築いていきたいな、と考えています。また、「この人といるとすごく楽しい」、「この人とはエネルギーが合っている」と感じられるような人と、できるだけ一緒にすごしたいです。

だからこそ、そういういい出会いを引き寄せられるような自分でいたいと思うのです。

3 引き寄せ力アップのポイント

引き寄せられない理由

「引き寄せの法則」を理解していながら、なかなか引き寄せられないという人がいます。理由はいくつもあると思います。

一つは、ポジティブなことを口では言いながら、心の中では「たぶん無理だよね」、「きっとだめなんじゃないかな」と思っている人。そういう人は、理性が勝ってしまっているのだと思います。

二つめは、本当にほしいとは思っていない人です。ほしいと言いながら、「実際にそうなっちゃったらどうしよう」と思っている。この矛盾した心理はどこから来るかというと、変化を怖れる心からです。

私には、世の中の多くの人が、変化を怖れて生きているように見えます。悪い変化を怖れるのはよくわかりますが、いい変化も、実は怖れているのです。「もっと幸せになりたい」と口では言いながら、「私には幸せになる資格はない」「私にはこのままが似合っている」と思っていたり、心のどこかで「不幸な自分のままでいたい」と願っていたり。人間の心理は複雑です。

なぜいい変化を怖れるかというと、いい変化が起きてしまうと、今度はすぐに、「自分にこんなことが起きたのは何かの間違い？」、「この幸せな状況もどうせそのうちに消えてしまうのでは？」などと、逆に不安になってしまうからではないでしょうか。人間というものは、悪い変化のほうが、意外と「ああ、やっぱりね。人生ってそういうものなのよ」という感じで、受け容れやすいのです。

幸せになるより、不幸でいたほうが心が落ち着くという変な安心感の裏には、一度幸せを手にしたことで、かえって傷ついたり、失望したりするのがいやだという心理もあるのでしょう。でもそれは、とてももったいないことだと思うのです。「引き寄せの法則」からいうと、そういう人には、いつまでも変わり映えのしない状況しか与えられないからです。

もちろん、「今のままで十分幸せ。ありがたい」と、いつでも心が充足している人は、一番幸せだし、それこそ誰もが目指したい心境です。ただ、本当は満足していないのに、「私なんか、せいぜいこれで十分」というのは、ちょっと違うと思うのです。

三つめは、「ほしい」としか思っていない人。すでに書いたように、「ほしい」と思っているだけなら、いつまでも「ほしい」という状況しか来ません。「本当に、絶対に手に入る」という確信を持つことが、何よりも大切です。確信できないのは、おそらく「引き寄せの法則」をまだ信じきれていないからでしょう。

こういう人にはいい方法があります。「○○を手に入れる」と決めたら、「○月○日までに手に入れる」という日にちや、それが物なら色やサイズまで、こと細かに決めておくのです。

ただ、これにも効果がある人と、逆効果な人がいるようです。決めすぎてしまうと、かえって「やっぱりちょっと無理だよね」という疑いが頭をもたげてきてしまうタイプの人には、逆効果でしょう。

私自身やまわりの人たちの経験からいっても、「引き寄せの法則」は働いています。信じていようが信じていまいが関係ありません。いつでもどこでも誰にでも、必ず働いています。今この瞬間もあなたに働いています。

法則自体、ネガティブなものでも何でもなく、ポジティブなものなのですから、自分の人生にうまく取り入れ、人生を好きなようにアレンジしていったほうがいいと、私は思うのです。

不安のエネルギーは何よりも強い

「引き寄せ」の力をアップさせるには、今まで書いてきたことを意識していけばいいのです。つまり、理性ばかりに走らず、いい変化を怖れず、法則そのものを信じきる。そんな前向きさと確信が大切なのです。

ふだん物事をネガティブに考えることが癖になっている人が「引き寄せの法則」を味方につけたい場合は、できるだけ前向きな思考を心がけたほうがいいでしょう。

よく「こうなったらいやだよね」、「こうなったらどうする?」と、やたらと悪いことばかり想像している人がいます。私はそういう人に会うと、「そうはならないから別に心配しなくていいと思うよ」と言っています。思った時点で、もう引き寄せが始まってしまうからです。

「何が起きるかわからないから、とにかくいつでも最悪の事態を想定しておけば大丈夫」と考えている人もいます。ある意味、賢い人、現実的な人といえるし、心配性な人ともいえるでしょう。

もちろん理性はつねにあっていいのですが、「引き寄せの法則」を使いたいときは、理性にはちょっと奥に引っ込んでもらったほうがよさそうです。あるいは、逆にこちらから理性に教えてあげたほうがいい場合もあるでしょう。たとえば「そんなことは無理に決まっているじゃない」と決めてかかる理性に、「いやいや、今度は大丈夫だっていう可能性もゼロではないよ」と教えてあげるのです。

ネガティブな感情の中でも、もっとも気をつけなければならないのは「不安」だそうです。『宇宙に上手にお願いする法』のシリーズを書いているピエール・フランクによると、不安の持つパワーは非常に強いらしいのです。

彼は思考と感情のパワーについて面白いことを書いています。

思考のパワーはとても強い。でも、思考をも上回るのが感情のパワーだというのです。脳が発している電磁波に比べ、心臓が発している電磁波は、何千倍も強い。それくらい心臓（ハート）のパワーは強いから、思考よりも感情のほうが、最終的には現実を動かしているというのです。

特に、悲しみや不安、恐怖といった感情のエネルギーはとても強く、中でも不安が持つパワーはナンバーワンだそうです。だから不安な気持ちには、できるだけ陥らないほうがいいのです。

「引き寄せの法則」関係の本によく書かれているのは、ポジティブなエネルギーとネガティブなエネルギーを比べると、ポジティブなエネルギーのほうが断然勝つということです。ところがピエールによれば、不安な気持ちはどんなポジティブなマインドにも勝ってしまうらしいのです。だからこそ、つねにハッピーで楽しい気持ちでいることがどれだけ大切かを、彼は強調しています。

「アファメーション」で前向きに

ついネガティブなことを考えてしまう人が前向きになるには、「アファメーション」を行うこともお勧めです。

「アファメーション」とは、引き寄せを信じて自分に対して語りかけるポジティブな言葉のこと。実現を信じてする「宣言」みたいなもの、ともいえるでしょうか。たとえば「私は今、目標を達成しました」、「私には夢を叶える力があります」、「私はずっと夢見ていた○○を手に入れました」といった言葉です。そうした暗示によって自分を百パーセント肯定すると、引き寄せの力は強まるのです。

ポジティブな言葉を何度もくり返すうちに、本当にそうなのかもしれないと思えてきます。「アファメーション」は、言霊の力を使った潜在意識のプログラミングなのです。

私のように「引き寄せノート」に引き寄せたいことを書き出し、何度も声に出して読み返すというのも、前向きになるための方法です。

また、自分が引き寄せたいことを、誰かに話すのもひとつでしょう。

ただし、引き寄せたい内容は他人には話さないほうがいいという考え方もあるようです。「そんなの無理に決まっているよ」ともし誰かに言われたら、もしかしたらそうなのかも…と、不安が生じてしまうからです。

私自身はけっこうオープンに人に話してしまう方ですが、話す相手は選ぶようにしています。「えーっ、あり得ない」としか言いそうにない人には話しません。

自分が「引き寄せたい」内容を、友だちへの手紙にして書いてみるという方法もあるようです。たとえば、恋人を見つけて結婚したいとしたら、その願いが叶ったときの自分になりきって、友だちに手紙を書くのです。昔の友だちでも今の友だちでもかまいません。一番素直な気持ちを書ける友だち宛に書きます。その手紙は、実際には出さなくてもいいでしょう。

手紙には、「私はこういう恋人と出会い、○月に結婚しました。今とても幸せです」といったことを書きます。

住みたい地域があるなら、「○○町にとてもいい部屋を見つけ、引っ越しました。住み心地は抜群です。ぜひ遊びに来てね」というふうに書きます。

「そんなこと、ばかばかしい」と思ってしまう人もいるかもしれません。

でも、こういうことはゲームだと思って楽しんでやった人の勝ち。それに、書いている間に、ほんの一瞬でも、本当にそうなったときの気持ちをリアルに味わうことのできた人の勝ちです。

本当にほんの一瞬でいいのです。その思いは瞬時に宇宙に届き、「引き寄せの法則」が働き始めます。

確信するには小さな「引き寄せ」から

「引き寄せの法則」が自分にも働いているという確信を持てないときには、小さいものを引き寄せてみるといいのではないかと思います。

「引き寄せの法則」に、本当はものごとの大きさは関係ありません。小さなことにも大きなことにも区別なく働いているので、「小さいことだから簡単」「大がかりなことだから引き寄せるのは難しい」といったことはないのです。「プリンを食べる」という望みも、「大きな家に住む」という望みも、「引き寄せの法則」にとってはまったく同じことです。

でも、人間の心理として、小さなことには「それくらいなら引き寄せられる」という自信を持ちやすいもの。だから、「今日はプリンを食べる」、「きれいな飛行機雲を見つける」、「駐車場でいい位置に停められる」といった、小さなことから引き寄せてみるといいのです。

たとえば、今日はプリンが食べたいなと思ったら、「プリンを食べる」と決めます。それに対して「そんなこと無理かも」と思いつめる人は、おそらくいないはず。ほとんどの人は、素直にその思いを持ち続けるか、忘れてしまうかだと思います。

すると「引き寄せの法則」がスムーズに働いて、その日はどこかでプリンを出されるかもしれないし、誰かにおごってもらえるかもしれません。もしそういうことが何もなければ、仕事帰りに自分でコンビニで買えばいい。その程度のことです。

これが「車を手に入れる」だと、なかなかそうはいかないもの。本当は車だって家だって引き寄せることはできるのですが、「引き寄せの法則」に確信を持てないうちは「そんなの難しいに決まってる」と思ったり、「私には無理かも」「いや、大丈夫に違いない」と気持ちが揺れたりして、変に構えてしまいます。

だから、一日に一つでもいい、小さなものから引き寄せていくのが、初めのうちはいいのではと思います。

すると、今日はこれを引き寄せた、あれも引き寄せられたと、少しずつ自信がついてきて、「引き寄せの法則」に対する違和感や疑いみたいなものがなくなってきます。

そしてやがては、法則が本当に働いているという大きな確信につながっていきます。そのときにはもう、「引き寄せ」が身近で当たり前なものになり、大きなものもだんだん引き寄せられるようになっているでしょう。


自分の「引き寄せ」の力に自信をつけたいときは、「引き寄せの法則」に対する見方も、今より広げておく必要があるかもしれません。

この法則で何かを引き寄せるというと、多くの人は、車とか豪邸とか、いい仕事、すてきな恋人といった、何か大きなものに限定して考えている気がします。しかもそれらが「棚ぼた式」に手に入ることを「引き寄せの法則」だと思っているのです。

実は私も、わりと最近までそう勘違いしていました。「ほしかったあのバッグが、運よくプレゼントされた。ラッキー！」といった感じに。

でも、「引き寄せ」の意味は、もっともっと広いようです。

今の私にあるすべては、私が引き寄せたもの。ということは、目の前にあるコップのお水もそうだし、着ている服もそうです。

つまり、自分で手間ひまをかけたもの、お金を払って買ったものも、すべて「引き寄せ」の結果なのです。のどが渇いてお水をほしいと思ったからコップに注いだ。これほしいなと思い、インターネットで注文した。こういうことも、「引き寄せ」なのです。自分が望まなければ、今ここにそれは存在しないのですから。

ものだけではなく、体験もそう。たとえば「今日はジムに行きたいな」と思ってジムに行く。その体験も、そうしたいと思ったから実現した「引き寄せ」の結果です。

それを理解すると、「引き寄せの法則」が現実離れした魔法のようなものではないとわかり、かえって信じられるようになる人もいるかもしれません。

「ほしい」と思うのは、それが手に入るから

私には、自分がほしいと思ったものは手に入るという揺るぎない確信があります。もともとの

性格もあるのか、「引き寄せの法則」を活用していて確信が持ててきたのか、その両方なのかはわかりません。

たとえば雑誌を見ているときも、「これかわいい、ほしい」と思った直後に、「ほしいと思ったということは、つまり手に入るということだな」と、私は素直に信じられるのです。

「ほしい、ほしい」と思い続けるだけでは、いつまでも「ほしい」自分のまま。やたらとそれが目に入り、そのたびに「ほしい、ほしい」と思う状態ばかりが続くのです。

「ほしい」という感情が湧くこと自体は自然だし、別にかまわないのです。大事なのはその次で、「ほしい」という思いのままで終わらせず、「ほしいということは、つまり手に入るのだ」と信じることが肝心です。

そのものを見て、何か惹かれるものを感じたということは、すでに自分がそれを引き寄せ始めている証拠。そう考えるべきだし、宇宙は実際、そういう仕組みになっていると思うのです。

ただ、そうはいっても、あまりにも現実味のないことは、やはり願っても無駄なようです。たとえば日本人が外国の大統領になるというのは、どう逆立ちしても無理な話。客観的に見て明らかに無理なものは、当然のことながら引き寄せられません。

自分の思いが一番大事なのは確かだけれど、自分で自分をだますことはできない以上、その思いも強くは持ち続けられないのです。だから自分自身が確信を持てる範囲にとどめるのがいいと思うし、「引き寄せの法則」と上手に長くつき合っていくコツだとも思います。「引き寄せの法則」は「魔法」などではなく、あくまでも「現実に使えるツール」なのですから。

以上のようなやり方で、「引き寄せ」の力は強めていくことができます。

ただ、あえてそこまでしなくても、つねに自分がいいバイブレーションを持っていれば、すべて引き寄せられるというのも事実のようです。

いいバイブレーションを持っているときというのは、幸せだとか、楽しいという気持ちを感じているとき。感謝や満足感といったポジティブなエネルギーに満たされているときです。一人の静かな時間をあえて持ち、「アファメーション」を唱えることも、いいバイブレーションで自分を満たす方法のひとつです。

誰にでも心や体のバイオリズムがあります。同じ内容でも、「よし、叶えるぞ」という気持ちになれるときと、「きっと無理」と思ってしまうときがあるでしょう。もちろん私にもあります。『引き寄せの法則　エイブラハムとの対話』などの著書があるエスターとジェリーのヒックス夫妻は、ポジティブなパワーに満ちあふれ、前向きな気持ちを自然に持てる状態、要するにいいバイブレーションに身をおいている状態を、「ボルテックス」と表現しています。

「ボルテックス」に入っているときこそ、「引き寄せの法則」を強く意識するといいのです。

私は、ふだん友だちといて「今この瞬間、最高に楽しい！」と思えたときに、引き寄せたいものを唱えることがあります。そういう瞬間の私は「ボルテックス」に入っていて、宇宙にまっすぐに通じるくらい、高いバイブレーションを発していると感じるからです。

究極のコツは、忘れること、宇宙に任せること

「引き寄せ」をするコツに、「忘れる」というものもあります。

ピエール・フランクや、西洋占星術師のジョナサン・ケイナーは、引き寄せたいものについては一回しか願ってはだめだと本に書いています。一回だけ願い、そのあとはもう忘れるべきだというのです。

なぜかというと、ほしいもの、手に入れたいものについてずっと考え続けていると、その長い時間に、「待てよ、でも手に入らなかったらどうしよう」、「やっぱり無理だろうか」といった不

安が邪魔してきかねないからです。不安は何よりも強力なエネルギーなので、どんなに真剣に願っても、それを打ち消してしまいます。

考えれば考えるほど不安になったり、理性が出てきて「ばかばかしい」と思えてきたりする人は、確かに忘れてしまうほうがいいでしょう。よくわかる話ですが、私にはそれはできません。人によって、合う方法は違うようで、私は何度も何度もくり返し考えるほうが効くタイプのようです。

「引き寄せ」をするコツの究極は、「宇宙に任せる」ことだと思います。自分は何かを手に入れると決めたら、いったいどうやって手に入れるのか、いつ手に入るのかは一切考えず、そのあたりの細かいことのコーディネイトはすべて宇宙にお任せするのです。

なぜお任せするのがいいかというと、宇宙は私たちの想像をはるかに超えたスケールで、物事を動かしているからです。人間がどんなにがんばって考えたところで、とても及びません。余計なことは考えずに一切をお任せしたほうがいいのです。

このことは、通販で品物を注文することと似ているかもしれません。

通信販売を自分が申し込んでから、品物が届くまで、ずっとそのことを気にし続けるという人はあまりいないと思います。「注文は正確に聞いてもらえたのかしら」「在庫はあったのかな」「いつまでも届かないのでは」など、あれこれ気をもむ人は、よほどの心配性でしょう。

届き方も、具体的にはあまり考えないのがふつうだと思います。配達員さんが、何日の何時に、どの方角から家にやってきて、どういうふうにインターホンを押すかまでは考えたりしないでしょう。ふつうは「そのうちに届くはず」とだけ思い、ただ待っているはずです。そして実際にちゃんと届きます。宇宙のことも、それくらい、いえそれ以上に信頼しきっていいのです。

ですから私は細部についてはほとんど考えません。引き寄せたいものを何度も思い返したりはしますが、どのようにそれが手に入るのかまではまったく考えません。宇宙に驚かせてもらいたいからです。「なるようになる」と思っていれば、必ずいい方向に行くものです。

たとえば面白そうな映画があるとします。絶対に観に行こうと決めます。でも、スケジュールがいっぱいで、とても無理そうに思えてしまう。それでも「絶対に観られる」とだけ信じます。「いったいいつ?」「このスケジュールの中どうやって?」ということは一切考えません。そうすると絶妙なタイミングでスケジュールが空き、観に行けたりするのです。

観たいから、絶対に観られる。

ほしいなら、絶対に手に入る。

そうシンプルに信じることが、何よりも大切です。どうやって手に入るのかなどと頭で考え始めると、理性が出てきてしまい、「引き寄せ」の力は弱まります。

これがほしいと思ったら、「手に入る」と固く決めて、あとのアレンジは宇宙にまかせるのが一番だと、私は思っています。

第四章

愛する人たちへ

1 転機の予感

努力を惜しまない性格

十三歳でモデルの仕事を始め、今年（二〇一〇年）二十六歳になった私。もう人生の半分、この世界にいることになります。

初めは向いているとも、好きだとも思えなかった仕事ですが、ふり返れば、私らしくがんばってきた十三年間があります。

自分のどんなところがこの仕事に生かされてきたかと問われれば、「努力を惜しまないところ」と、迷わず答えるでしょう。カメラの前で微笑むのが得意だとか、華やかなステージに立つのが好きだとかではなく、とにかく努力を惜しまない性格が、今いるこの場所に私を連れてきたのだと思っています。

私は今まで、この仕事をものすごくがんばってきました。特に高校を卒業し、モデル業に専念するようになってからは、仕事の楽しさを知ったこともあり、ひたすら努力を重ねる日々でした。

今の自分があるのはその結果なのだと、私は胸を張って言えるし、一緒に仕事をした人たちも、みんながうなずくはずです。「えっ、そんなことない、ジェシカはただラッキーだっただけ」と言う人はいないと思います。

以前、手相を見ることのできる知人に、こう言われました。

「ジェシカさんは、自分にもともとある才能を超えてがんばっている。ものすごく努力して、自分で自分の人生を切り開いている」と。

何のためにがんばってきたのかというと、有名になりたいとか、日本一のモデルになりたいとか、そういうことではありません。子どもの頃の性格のまま、私は今でも目立つことや有名であることは、正直言って好きではないのです。

もちろん、街で「ファンです」などと声をかけられたりするのは嬉しいです。嬉しいけれど、それがすごく好きだというわけでもないのです。

もし、有名になることが目的なのだったら、私はおそらく、もっと近道をしていたでしょう。もっと手っ取り早く、ここまで来ていたでしょう。近道を選ばなかったのは、性格的にそれができなかったし、そうなることが私の夢でもなかったからです。

私ががんばってきたのは、「努力すればした分だけの結果が得られる」ということに言いしれぬ喜びと達成感をおぼえていたからです。努力して、結果が出て、また次の仕事につながっていくのが、ただただ楽しかったのです。がんばり続けた日々は、揺るぎない自信も私に与えてくれました。

おそらく私は、モデル以外の仕事をしていても、惜しみない努力をしていたはずです。そういう性格なのです。中途半端にすますことが、どうしても許せない。だからときには真面目にとり組みすぎてしまうことがあり、そのあたりはちょっと厄介だったりもするのですが、それが私という人間です。

自分について誇りに思うことを一つ挙げるなら、「自立していること」です。社会的にも、経済的にも、そして精神的にも、私は自立していると思います。

モデルという仕事を十三年間続けながら培ってきた強さは、私の大きな誇りなのです。

立ち止まることを覚えた最近の私

ふり返ればひたすら走り続けてここまで来ましたが、だからといって私は「一生仕事を続けます！」というタイプでもありません。計画や見通しを立てることが苦手だし、「二十六歳までにはこうなっていたい」といったイメージを具体的に描いていたわけでもないのです。気がついたら、今いる場所にいたというのが実感です。

でも、このところ転機なのでしょうか。最近はだんだん、もっとほかのことも始めたいなあという気がしています。できることなら三十歳までには、違うことをしていたい。モデル以外したことはないけれど、もともといろいろなことに興味を持つタイプなので、ほかの仕事もしたいのです。

何かクリエイティブなこと、たとえば演技にも興味があります。洋服のデザインもしたい。私が作った服をかわいいと思ってくれる人がいたら、とても幸せです。本が大好きなので、こんなふうに本を書くこともすごく楽しいし、いつかは結婚して家庭に入りたい気持ちもあります。

仕事に恵まれてきた私がこんなことを思うのは、ひょっとするとわがままなのかもしれません。でも、こう思い始めたのは、ここ数年のことなのです。

今までは「立ち止まる」ということを知りませんでした。それどころか「歩く」ことすらわからなかった。十代後半、二十代前半の私は、走ることしか知らない、野心に燃えた仕事人間でした。特に二十代前半は、休みの日はほとんどなし。プライベートよりも仕事を優先させるのは、私の中では当たり前だったのです。

そんな私に、まわりの人たちはよく助言してくれました。「そんなにがんばらなくてもいいじゃない。もうちょっと仕事を選びなよ」、「ジェシカもたまには休んで、もっと人生を楽しんだら？」。

いくらそんなふうに言ってもらっても、私は、何を言っているんだろう、何でそんなことを言われなくちゃいけないんだろう、くらいの気持ちで聞いていました。常にやる気満々だった私には、スローダウンすることの意味がまるでわからなかったのです。十三歳から仕事をしているのが当たり前だったので、それ以外の生き方、過ごし方を知りませんでした。これが人生。これが私。私イコール「モデルの道端ジェシカ」でした。

心の中には、「私がこの仕事を受けなかったら、誰かほかの人に行ってしまう。だから、いただいた仕事は全部受けなくては」という気持ちもありました。それはちょっとした恐怖心だったのかもしれません。でも、大人になるにつれて自信もつき、「確かに仕事は選んだほうがいいな」ということが、だんだんにわかってきたように思います。

そしてここ数年でようやく、歩くこと、立ち止まることをおぼえてきた私。おそらく走り続けてきたことのリバウンドでもあるのでしょう。でも、立ち止まることのよさを知ったのは、本当によかったと心から思います。

私が変わってきたのは恋愛の影響もありますが、二十六歳という年齢もあるでしょう。自分はまだ子どもだからとか、若いからとかは、もう言っていられません。精神的にも肉体的にももう大人だし、これからもっともっと大人になっていく。そういう意識も私の中にあるのだと思います。

恋愛の相手はリスペクトできる人

今までは、つねに仕事が第一優先で、選ぶ恋人も、仕事が第一という男性ばかりでした。仕事人間の相手でないと、仕事人間の私とのバランスがとれなかったのです。恋愛は、価値観が同じでないとなかなか続きません。

そういう人を選んでいても以前は、不定休で週末にも撮影が入る私の仕事を理解してもらえませんでした。

ただ、私の場合、恋愛中のけんかや悩みが、仕事に影響するようなことは一切ありません。恋愛をするなら、いつも幸せな気持ちでいられて、笑顔もたえず、仕事もますますがんばれるような恋愛をしたいし、恋愛はそのためにするものだと思うのです。


恋愛のパターンについて言うと、私は一目ぼれはしません。「好きなタイプ」というのもありません。

女性たちはよく「あの人、超かっこいい」とか、「瞬間的に恋に落ちた」などと言います。でも私には、性格を知らないのに見かけだけで人を好きになったり、好みのタイプだから話してみたいと思ったりする心理が、まるで理解できません。

私の場合は、その人の性格や生き方を知って、だんだん好きになっていきます。もちろん人間には、本能的に誰かに惹かれることもあると思いますが、それが恋愛に結びつくかどうかは、私の中では別問題です。

だから、今までつき合ってきた人たちをふり返ると、外見も、性格のタイプも、まったくバラバラです。

私にとっては、人としてリスペクトできることが第一です。

友だちも同じです。お互いに成長し、高め合える人。「私もこういう人になりたいな」と思わせられる人。そういう人と、私はいたいのです。

2 世界の国々とチャリティのこと

世界中を旅してみたい

もともと私は、海外へはよく行くほうでした。月に一度は、仕事やプライベートで行っていました。

また、スピリチュアルなことへの関心が高まっていることもあって、好きな場所、これから行きたい場所はどんどん増えています。

今、一番行きたいのは、アメリカのアリゾナ州にあるセドナという街。スピリチュアルの聖地といわれ、世界中の人たちが訪れているところです。

マチュピチュへも行ってみたい。とても癒しのパワーが強い土地のようだし、あれだけの高地に、クレーンも何もない時代に、どうやって都市を造ったのかと思うだけでワクワクしてきます。メキシコもすごくスピリチュアルな感じがして興味津々。遺跡めぐりをしてみたいです。

アフリカへはまだ行ったことはないけれど、昔からアフリカには特別な思いがあります。何となくですが、将来、家を持ちそうな気がするのです。子どもの頃は、自分に子どもが生まれたら、アフリカで育てるのが夢でした。大人になった今は、現実的には難しいかなと思い始めていますが、でも子育てするなら人類発祥の地であるアフリカが一番だという気持ちは変わりません。育てるのは無理でも、バカンスに連れて行ったりはしたいです。

インドも十代の頃から行きたかった場所。行くなら長く行きたいです。最低でも二週間はいて、いろいろなところをまわりたい。十代のときに一度行こうとして、航空券の手配までしたことがあります。ところがＳＡＲＳの流行であきらめざるを得なくなり、「呼ばれていないんだ」とがっかりしました。よくインドには「呼ばれて」行くものと聞いていたからです。いつか私も「呼ばれる」のでしょうか。そのときが来るのを楽しみにしています。

何度も行っているハワイは、かなり強力なパワースポットだと思います。どの島も、まるごとパワースポットという感じなのです。ホ・オポノポノを勉強し始めて、やっぱり昔から癒しの場だったんだなと、さらに納得しています。

私が行ったことがあるのはオアフ島、マウイ島、ハワイ島で、カウアイ島へはまだ行っていません。三つの島を比べると、同じパワースポットでも、パワーの種類が全然違うのを感じます。

一番好きなのはハワイ島。ハワイ島は、海底からの高さでいうと、世界で一番高い山なのだそうです。ヒマラヤとかキリマンジャロよりも高いのだとか。その分パワーも強力なのでしょうか、ハワイ島に降り立っただけで、悪いものが抜け出て、新しいエネルギーがぐんぐん充電されていく感じがします。

ハワイと、縁の深いタヒチも大好き。タヒチへ行くと、私は不思議とホームに帰ったような、包み込まれるような気持ちになります。前世に住んでいたとしか思えないほどの郷愁を感じるのです。

私自身が半分ヨーロッパ人ということもあってか、ヨーロッパも大好きです。住んだことは一度もありませんが、ヨーロッパ全体が好きだし、とても深いつながりを感じます。

中でも好きなのがフランス。特に南フランスに行くと、故郷に戻った感じがしますし、私のエネルギーと合っている気がします。南仏とは不思議と縁があり、仕事でもプライベートでも、それこそ「呼ばれる」ようにして行ったことが何度もあります。

父方の祖父母がイタリア人とスペイン人なので、イタリアやスペインも、私には親しみのあるところです。けれども南フランス特有の、家に帰ったような安心感、違和感のなさは、まったく別のもの。同じように故郷を感じるタヒチも、考えてみればフレンチポリネシアです。何かそのあたりにも、自分の前世を知る鍵がある気がしてなりません。

日本という国に思うこと

私は富士山を見るとなんだかホッとします。やっぱり日本人なんだなあ、と再認識します。ハワイ島といい、富士山といい、私は火山やマグマのエネルギーが好きなのかもしれません。温泉や岩盤浴も大好きです。

ほかに国内では、京都はやはり歴史あるすばらしい古都で、日本人として誇りを感じますが、仕事は東京がベースのため、残念ながらまだ行っていない土地はたくさんあります。

それでも私には、海外へたびたび行くからこそ見えてきた「日本」というものがあります。日本の一番いいところは、やはり、人の優しさだと思います。外国人がよく「日本人はナイスだ」と言うのは、何といってもその優しさが理由のようです。日本にも戦争のつらい歴史はあるし、世界で初めて原爆を落とされた過去もありますが、他国の言葉や通貨を使うように無理強いされたような歴史は、沖縄などを除くとありません。だから日本人は外国人に対しても優しいのだと、何かの本で読みました。

「微笑みの国」といわれるタイの人たちにも、優しい国民性を感じます。タイもやはり、過去に他国に従わされたような歴史はほとんどないようです。

私が面白いなと思ったのは、タイ人は「コップン・カー（ありがとう）」と言われると、「コップン・カー（ありがとう）」と返すということ。ふつうはどの国でも、「ありがとう」には「どういたしまして」とか「いいんですよ」と答えるのに、でもタイ人は「ありがとう」に「ありがとう」と返事をするのです。なんだか微笑ましいような、かわいいような、とてもすてきな文化だと感じました。私も「サンキュー」と言われたら、「サンキュー」と返したいなと思っています。

日本は、今は確かに景気が悪いけれど、全体的に見ればとても豊かな国だと思います。その中で育った若い人たちは、もちろん私自身も含め、恵まれすぎているくらいです。

仕事がない、やる気が出ないという若い人たちの悩みは、恵まれすぎた結果のわがままでもあるように思います。私たちの祖父母やそれ以前の世代が、今の私たちがこんなに楽に生活できる土台を作ってくれたことを、忘れてはいけないと思います。

私がいる業界にも、努力や我慢ができずに、すぐに仕事を辞めてしまう若い人たちがたくさんいます。私と同じか、もうちょっと下の年代の人たちです。ヘアメイクさん、カメラマンさん、スタイリストさんに、新しいアシスタントが入ってきても、二か月ぐらいでもう別の人に変わっているのです。ちょっと怒られたり、朝早い仕事があったりすると、「私にはやっぱり無理だと思います」などと言って辞めていくそうです。

また、失礼ながら、大したことのない理由で落ち込んだり、いらいらしたりする若い人たちも多いと感じます。自分にとっては「大したこと」なのかもしれません。でも世界全体で見たら、「きみぃ、そんなことでいちいちくよくよしてるんじゃないよ」と言いたくなるような話ばかりです。

海外に目を向ければ、生きるだけでも精いっぱいという貧しい国がたくさんあるのがわかります。日本しか見ていないから、自分たちがどれだけ恵まれているかがわからないのです。おなかがすけば、二十四時間いつでもコンビニでご飯を買える。そのご飯も、あり余って大量に捨てている。それが日本という国です。

世界が今どうなっていて、その中で日本はどうなのかということに、もっと目を向けてほしいです。テレビやインターネットなどからも知ることはできますが、実際に海外へ出て、世界を肌で感じてほしい。そうすると自分の悩みなんて小さく思え、世界観、人生観ががらっと変わるはずなのです。

マザー・テレサは憧れの人

そうはいっても、私が仕事などで海外に出る機会が多いのは、たまたまの幸運なのかもしれません。

だからこそ、最近の私は思うのです。世界のあちこちをこの目で見られる私だからできることが、何かあるはず。人のため、世の中のためになる、もっと意味のあることをしたい——と。

海外で見聞きしたこと、経験したことの数々は、仕事イコール人生だと信じ込んでいた私の視野を大きく広げ、仕事だけが人生ではない、ましてやモデルだけが人生ではないと教えてくれました。その気づきに感謝しながら、今度は人のために何かをしたいというのが、今の私の気持ちなのです。

人のため、世の中のために生きた人といえば、一番尊敬している女性はマザー・テレサです。第三章でも彼女の素敵な言葉をご紹介しました。インドへ行って彼女の築いた施設を訪ねてみたいと思うこの頃です。

マザー・テレサの生涯を書いた本を読んでいて感じることは、もしかしたら彼女は「引き寄せの法則」を知っていたのかも、ということです。「引き寄せの法則」という言葉は知らなかったと思いますが、彼女の残した言葉の中には、「引き寄せの法則」と通じるところがたくさんあるのです。

「引き寄せの法則」の視点からは、こういう見方もできるそうです。今、メディアでは悪いニュースばかり流している。凶悪な事件、困った問題、異常な現象。そういうことばかり流し、見ている人の意識がそこに集中してしまうからこそ、この世の中にますます悪いことが起きてしまうのだ、と。

マザー・テレサの生前のある言葉には、そのこととてもよく通じるところがあります。「戦争反対の集会があるので来てください」と頼まれた彼女は、「戦争反対の集会には私は行きません。でも、平和を祈る集会があるなら、私を呼んでください」と答えたのです。

「戦争反対」と「平和」。目指すところは同じでも、言霊は全然違います。マザー・テレサは、言霊の持つ力、「引き寄せ」の力を、ふだんから意識していたのかもしれません。

難民支援に役立ちたい

人のため、世の中のために何かしたい。そんな思いを実践するための第一歩となったのが、UNHCRの「毎月倶楽部」です。

UNHCRの日本語での正式名称は「国際連合難民高等弁務官事務所」。難民支援のために一九五〇年に設立された国連の機関です。スイスのジュネーブに本部があり、日本では東京の青山に事務所があります。

「毎月倶楽部」というのは、世界各地の難民や、UNHCRの活動を支援するための寄付の方法で、月々一定の額が、金融機関の自分の口座から引き落とされる仕組みになっています。

私は二十歳すぎに「毎月倶楽部」に入りました。きっかけは母です。

母は、私たち家族が東京に引っ越してきてから十年以上、ずっとUNICEFに寄付を続けています。姉も数年前から始めました。二人とも理由は「子どもに恵まれたから」だそうです。自然に、世界の子どもたちの健康や幸せを切実に願うようになるのかもしれません。

私は二十代の初めに、「自分は仕事にも恵まれ、何不自由なく暮らせているのだから、どこかに寄付したい」と思うようになりました。

そんな私に、母はある日たくさんのパンフレットを用意してきてくれ、「この中から自分の好きなところを選ぶといいよ」と言いました。UNICEFや、ほかにもいろいろありましたが、私がインスピレーションで選んだのはUNHCRでした。

寄付を始めて少したった頃、ある雑誌の私の連載で、UNHCRの取材をさせていただきました。「難民問題についてお話を聞く」というテーマでした。

青山の国連ビルにある事務局を訪ねたのは、そのときが初めてでした。事務局長さんにご挨拶をしたところ、「道端さん、うちの毎月倶楽部に入っていただいていますよね。お名前が登録されているようで」と言ってくださいました。以来、UNHCRの方々は、何かお手伝いできそうな機会があるたびに、私にも声をかけてくださいます。

仕事に追われながらも、寄付などできる限りのことをしてきた私ですが、今の願いは、難民キャンプへ実際に足を運ぶことです。やはり現地に行って状況を見て、難民の方たちにお話を聞き、この問題を肌で感じたいからです。

その上で、「今、現地はこういう状況になっています。こんな方たちもいます。みなさんご支援をよろしくお願いします」といったことを広く伝えられる人になりたい。モデルという仕事を通じて、私のことを知ってくださる人、応援してくださっている人が、全国にたくさんいます。そういう立場にいる私だからこそ、難民支援の窓口になれたらと思うのです。

日本にいると、難民問題というのはけっこう遠い話になりがちで、人々の問題意識も決して高いといえません。しかし今は日本の難民受け入れ体制も変わりつつあり、私たちも意識を新たにする時期だと思うのです。

タイにミャンマー難民のキャンプがあります。実は以前から、まずはそこへ行ってみたいと準備を進めていました。難民キャンプへ行くには、申請をし、許可を得るまでがとても大変です。行きたいから行けるものではなく、ハードルが高いのです。

それでもやっと今年になって、数年越しの願いがやっと叶うところでした。ところがタイの治安が悪化し、行けなくなってしまいました。本当に残念でした。でも、近々どこかへぜひ行きたいという思いは、変わらずに持ち続けています。

3 私らしさ、自分らしさ

インスピレーションを与える存在でいたい

最近、友だちに言われた言葉で、すごく嬉しかったのは、「ジェシカは人にインスピレーションを与えているよね」という言葉です。

言われて改めて気づきました。私は人々をインスパイアする存在でいたい。今までの私は、モデルという仕事を通じて、世の女性たちにそれをしてこられたのかもしれません。これからも、かたちは変わっていっても、そういう存在でい続けたいと思っています。

私を応援してくれている女性のファンの方たちには、モデルになりたいという人も多いようです。みなさん、ジェシカさんみたいなモデルになりたいと言ってくれています。

彼女たちにもインスピレーションを与えることができたのかな、と思うととても嬉しいです。

ただ、「ジェシカさんみたいなモデルになりたい」という気持ちが、一歩間違えて「ジェシカさんになりたい」になってしまってはいけないと思います。私のファンの中には、外見や持ち物などを、ことごとく私と同じにしている女性も少なくないようなのです。

もちろん、それ自体がよくないというわけではありません。それが自分にとって「一番」似合うかどうか、自分で納得しているならいいのです。

そうでないなら、その人自身が本来生まれ持ったものをもっと大切にしてほしいと私は思います。「こうなりたい」という理想を持つのはすてきなことですが、ただ真似をするだけというのとはちょっと違うと思うのです。

私にも憧れの女性はいます。たとえばビヨンセ。でも、私がどんなにビヨンセを好きでも、ビヨンセにはなれません。髪質も、髪の色も、瞳の色も違うからです。

同じように、日本人特有の黒い髪と黒い瞳を持った女性が、金髪でブルーの瞳の女性に憧れても、なかなかそうはなれません。カラーブリーチをし、カラーコンタクトをすれば一応なれますが、似合うかどうかは別です。

また、小柄でかわいらしい女性が、身長一八〇センチ以上のショーモデルのような女性になりたいと憧れるのも、現実的とはいえません。それよりも、どんな身長の人にもすてきな女性はいるという事実に目を向けてほしいです。

もっと自然に、自分というベースを生かして、今よりすてきな自分になることが、一番大切ではないでしょうか。そのためには、「私もちょっとがんばれば彼女みたいになれるかも」と思えるような、自分に近い存在を目標とするほうがずっといいはずです。そうすればモチベーションも上がるし、どんどん自信がついて、本来の自分の魅力が輝き始めます。

私がそう考えるのは、あまりに非現実的なことに固執しすぎると、結果的には「どうがんばってもあの人のようになれなかった」と落胆し、自分を卑下することにもなりかねないからです。自分なりの魅力がちゃんとあるのに、「あの人とはここが違う」「ここは絶対に真似できない」という部分にばかり目が行き、落ち込んでしまうのは、とてももったいないことではないでしょうか。

「自分らしさ」を楽しんで

どんな女性も、自分ならではの魅力を見つけ、引き出し、より輝かせることは絶対にできます。「こうなりたい」と憧れる女性がいるなら、そっくり真似るのではなく、その人から自分を輝かせるヒントやモチベーションをもらえばいいのです。

自分を持っている女性にはそれができます。そういう女性をすてきだと思うし、私自身そうしています。

世の女性たち、特に私のファンの女性たちにも、もっと自分らしさを大切にしてほしい。自分らしくいることを怖れず、自分らしくいることを楽しめる女性であってほしいと思っています。

日本人にはそれをできる女性が、とても少ないと感じます。国民性でしょうか、「今、このセレブが流行っている」となると、みんなでこぞって真似しようとします。しかもそのセレブの外見や持ち物ばかりが注目されがちなのも残念です。

日本では、人と少しでも違って目立つと、「出る杭は打たれ」てしまいます。だから「人と同じじゃないといけない」と思ってしまうのでしょう。私自身も子ども時代の経験からよくわかります。でも、それはとてももったいないことだと、大人になった今は思うのです。

どんなときにも自分を見失わず、意見を言える女性はすてきです。私がたとえば「このコスメがいいよ」と言ったら、そのまま鵜呑みにせず、「ジェシカはよかったかもしれないけど、私も試してみたら、全然いいとは思わなかった」と言える女性を、私は「いいな」と思います。

できれば世の中の女性がみんなそうであってほしい。自分をしっかり持ち、自分をわかっている女性。たとえば雑誌やテレビが「この夏、街ではこういうメイクが流行っています」と言っても、「でも私にはそういうメイクは似合わない。それよりもこういうメイクのほうが似合うとわかっているの」とはっきり言えるような女性がもっと増えれば、日本の女性たちはもっと個性的で魅力的になると思うのです。

意見を持った女性でいたい

このことは、ファッションやメイクに限らず、生き方そのものにもいえそうです。

私は子どもの頃から自分の意見を明確に持っていました。自分が何が好きで、何がいやかということを大事にしていたし、どんなことにも自分なりの考えを持ち、それを主張することをまったく怖れない性格でした。

幼いときほど、それが人との摩擦を引き起こすなど、マイナスになっていたことが多かったように思います。仕事を始めてからも、その性格のために、正直言って遠回りもしてきました。「まだ子どもなのに」、「ちょっと生意気」という目で見ていた人もいたと思います。

でも私には、自分を曲げて生きるということができませんでした。やり方がわからなかったたし、第一プライドが許さなかったのです。できないものはしかたがないと思ってきました。

でも、大人になった今の私には、自信も実績もついてきています。今までの自分は、間違っていなかったのだという確信も持てるようになりました。私には私の考え方がはっきりとあり、それを言えるのはとてもいいことなのだと、心から思えるようになったのです。

私のファンの中には、私のそういうストレートなところが好きと言ってくれる人がたくさんいます。とても嬉しいことです。


世の中には、まわりに流されて生きている人が多いように感じます。そういう人には結局自分の主張がないので、話を聞いていても、言っていることの意味がよくわかりません。主張があるけどできないというのはまだいいけれど、主張したいこと自体がないのは問題です。自分の意見がないのは一番恥ずかしいことだと思うからです。

大人になったら、自分を主張できたほうが、いいのです。そうでないとまわりに流されてしまいます。ただ、自分の意見を頑なに持ちすぎて、ほかの人の話を聞けなくなるのは当然よくないこと。私は柔軟に人の意見を聞きつつ、自分の意見を言える人でいたいのです。

今までの私のやり方でよかったんだと最近つくづく思うのは、海外へよく行くようになったからかもしれません。外国では、自分の意見を求められる場面、自己主張をしなければならない場面が、日本にいるときとは比べものにならないほど多いのです。

日本人のよさのひとつに、自己主張を控え、謙虚でいて、まわりに合わせて和を重んじるところがあるとは確かに思います。ただ、あまりにも謙虚すぎたり、自己主張がなかったりする人は、海外に出たときに大変な思いをするはずです。日本国内も、これからどんどん国際化が進んでいくので、「自分を持つ」ということはますます重要になってくると思います。

すべては幸せに向かっている

先日、食事の席で一緒になったある男性が、面白い話をしてくれました。

その方は外国人で、日本に住んで二年め。もうすぐ恋人と結婚するのだと、嬉しそうでした。

日本に来る前、彼には結婚生活十年ほどになる奥さんがいました。ところがあるとき、いきなり奥さんに離婚したいと言われたそうです。あなたと一緒に日本に行きたくない、と。

そのときは理由がまったくわからず、すごく落ち込んだそうです。しかし奥さんの意志は固く、彼は仕方なく単身で日本に移り住みました。そして、やがて今の恋人と出会ったのです。

今はとても幸せで、前の奥さんに心から感謝しているそうです。あのとき奥さんが自分をふってくれなかったら、彼女とは出会えなかった、と。

彼の話を聞いていると、何が幸せで、何が不幸かなんてわからないという気持ちになってきます。そして、「たとえ悲劇だと思うようなことが起きても、人生というのは最終的にはすべてがいい方に向かうようにできている」という私の信念が裏づけられたように思いました。

何かがあっても、それはベストなゴールに着くまでの途中経過にすぎないのです。渦中にいる当事者はなかなかそう思えないものですが、本当にそうだし、そう信じていない限り、ベストなゴールへは行けません。

この男性の場合も、もとの奥さんに執着したままでいれば、新しい出会いに気づけなかったに違いないのです。

運がいい人、悪い人なんていません。基本的には全員、運がいいのです。

大事なのは、自分が運がいいことに気づいているかどうか。そして、運がよくなるために努力をしているかどうかです。努力をしていない人の運はよくなりません。いい人生を歩みたければそれなりの努力が必要だし、素直な心でまっすぐに生きていれば、誰の人生も、すべて最終的には幸せになるようにできているのです。

私の今までの人生をふり返っても、その当時にすごくいやだと思ったことは山ほどありますが、今考えれば「あれがあってよかったな」と思うことばかりです。まわりの人が「大変だったね、つらかったでしょう」と言ってくれるようなことでも、私自身が「あんな経験しなければよかった」と思うことはひとつもありません。

すべて、経験してよかったと思っています。

「あの経験があったからこそ今の自分がある」

「あの経験がなかったら、今ここにはいられなかった」

そう思い、感謝していることばかりです。

幸せになる「方法」なんて、実はないのかもしれません。「幸せになるにはどうすればいいんですか」という質問に対する答えは、おそらくないのです。

私は最近思うのです。

幸せというのが、イコール、人生なのではないか、と。

人生というのは、本来、幸せなものだし、幸せであるべきなのです。

何も思い煩わず、やるべきことをして、あとは無の状態でいれば、すべてはいい方向にいくのです。理性に走りがちな人ほど、無になるのは難しいことですが、流れに身を任せてさえいれば、すべてはいい方向に行くとしか、私には思えません。

ところが人間は、幸か不幸か「考える能力」が高いために、逆に物事をわざわざ複雑に、わざわざ悪い方向に進ませてしまいがちです。その結果ふりかかってきたことを「試練」と呼んで嘆いたりもします。自分が選んだことだとも気づかずに。

そうやって自ら招いた試練も含め、私たちは何か試練があるたびに乗り越えて、より高いたましいになっていけるのだと思います。

幸せになる本当の秘訣

人それぞれ、幸せのかたちは違います。

欲しいものが手に入れば幸せという人もいれば、そういう物欲ではなく、精神的に満たされていれば幸せという人もいます。

そして人間の本当のゴールは、精神的な幸せのほう。心が満たされてこその幸せだと信じます。

人間は、何かかたちあるものに満たしてもらわないと、幸せになれないわけではありません。そのことがわかれば、誰だって幸せになれるとわかるはずです。

幸せを感じられないのは、「自分の幸せとは何か」をわかっていないからではないでしょうか。人の幸せが羨ましくて、同じものを自分も持てば幸せだと勘違いしている。人が持っていないものを自分が持っていないと、不幸だと感じてしまう。あなたの中にも、そういうところはないでしょうか。

これだけモノがあふれた世の中に生きていると、自分にはあれが足りない、これも足りないと思ってしまうのは、ある程度はしかたのないことなのかもしれません。かたちあるものばかり目につき、自分が持っていないものに意識が向かってしまうのも、この物質社会で暮らす人間には、ある意味、自然なことでしょう。

山にでもこもっていない限り、たとえば女性なら、すてきなバッグや靴が次々にほしくなる。これだけ多くの魅力的なものを見せられて、「心を無にして過ごしましょう」なんて難しすぎる話です。

でも、モノに満たされていないと自分は不幸だと思っている限り、いつまでも幸せになれません。そういう種類の「幸せ」は、どんなに求めてもきりがないからです。

本当に幸せな人は、心が満たされた人なのです。

「幸せな人ってどんな人だと思いますか?」と聞かれれば、「心が満たされた人」ということと、もうひとつ、私は「人を幸せにできる人」だと答えます。

その人自身も満たされているし、満たされたその人を見ているだけで、まわりの人たちまで幸せな気持ちになってしまうような人。

逆を言うと、まわりを幸せにできていないのに、本人は幸せという人はいないはずです。この世界では、みんながつながり合って生きているのですから。

私も、みんなを幸せにし、みんなにもっともっとインスピレーションを与えられる人になりたいです。

私はいつでも「私らしさ」を楽しんできました。

同じように、女性たちがみんな「自分らしさ」を楽しめるようになったら、どんなにすてきでしょうか。

道端ジェシカ、二十六歳。

女性として、人として、これからも進化を続けます。

さいごに

本書の執筆にあたって、たくさんの人、たくさんの本、そして出来事に心から感謝します。

この本には、とても素直に、私という人間が表現できていると思います。

私自身、本を読むのが大好きなので、まさかこうやって実際に自分で「本」を作れるとは思いませんでした。

「モデル」としてだけでは、なかなか伝えられなかった「道端ジェシカ」が伝えられたのではないかと思います。


ここで改めて、そのチャンスを下さった小学館の皆様にお礼を申し上げたいと思います。

そして最後に、この本を手にとってくれた方へ。
最後まで読んでくれてありがとうございました。
この本が少しでも、あなたに幸せと勇気と前向きな気持ちを
プレゼントすることになったら嬉しいです。

私の人生に起こった全ての出来事に、
私の人生に現れてくれたたくさんの人々に、
そして心のよりどころをくれる本たちに、
愛と感謝を込めて。

2010年11月

道端ジェシカ セレステ

道端ジェシカ
（本名：道端ジェシカ セレステ）みちばた・じぇしか・せれすて
1984年10月21日福井県生まれ。13才でモデルの仕事をスタート、
以来数々の女性誌に登場。また、CMやTV出演も多数。
姉カレン、妹アンジェリカもともにモデルとして活躍中。
ブログなどで発信するファッションやコスメ情報はもとより、
日本の枠にとらわれない生き方そのものが
多くの女性に支持されている。

公式ブログ　http://blog.honeyee.com/jessica/
田辺エージェンシー　http://www.tanabe-agency.co.jp/

幸せのある場所
2010年12月6日　初版第1刷発行
2014年12月7日　　　第6刷発行

著者　道端ジェシカ
発行人　稲垣伸寿
発行所　株式会社　小学館
〒101-8001
東京都千代田区一ツ橋2-3-1
電話　03-3230-5724（編集）
03-5281-3555（販売）
印刷所　大日本印刷株式会社
製本所　株式会社若林製本工場

ISBN978-4-09-388152-4

デザイン：VERSO
撮影：NAOKI
ヘア：西村浩一（angle）
メイク：早坂和子（FEMME）